1 Terme und Gleichun

1 Was haben die Kunden gekauft? Wie viel Euro müssen sie bezahlen? Trage ein.

a)

2 · 12 € + 2 · 4 € = ____ €

____ Bälle, ____ Springseile

b)

21 € + 2 · 25 € = ____ €

____

2 Berechne für jeden Einkauf den Preis mit einem Rechenausdruck.

a)

4 Springseile, 1 Trikot

____

b)

2 Stoppuhren, 2 Bälle

____

c)

2 Schläger, 1 Trikot, 2 Springseile

____

d)

1 Ball, 1 Stoppuhr, 4 Schläger

____

3 Herr Jansen kauft Schläger für 125 €.
Wie viele Schläger kauft Herr Jansen?
Setze die passende Zahl in die Gleichung ein. ____ · 25 € = 125 €

A: ______________________

Terme

1 Hier steht immer x für eine Zahl. Verbinde jeden Text mit dem zugehörigen Term.

a)

Text	Term
Zu x wird 9 addiert.	$x - 9$
Das 9-fache von x.	$x + 9$
Von x wird 9 subtrahiert.	$9 - x$
x wird von 9 subtrahiert.	$9 \cdot x$

b)

Text	Term
Das 7-fache von x.	$x - 7$
Von 7 wird x subtrahiert.	$7 \cdot x$
7 wird von x subtrahiert.	$x + 7$
7 wird zu x addiert.	$7 - x$

In Termen kann man den Malpunkt weglassen. Statt $7 \cdot x$ schreibt man 7x.

2 Zu jedem Text gehört ein Term. Schreibe diesen Term neben den Text.

Text	Term
a) Vom 6-fachen einer Zahl wird 3 subtrahiert.	
b) Vom 3-fachen einer Zahl wird 6 subtrahiert.	
c) Zum 3-fachen einer Zahl wird 6 addiert.	
d) Zum 6-fachen einer Zahl wird 3 addiert.	

$3x + 6$ $6x - 3$ $6x + 3$ $3x - 6$

3 a) Der Maurer setzt die Steine Schicht für Schicht aufeinander. Die Höhe der Mauer mit x Schichten kannst du mit dem Term 25x berechnen. Trage in die Tabelle ein.

Anzahl der Schichten x	Höhe der Mauer 25x
1	25 cm
2	
3	
4	
5	

b) Auf die Mauer soll noch ein 40 cm hohes Gitter gesetzt werden. Welcher Term gibt bei x Schichten die Höhe der Mauer mit dem Gitter an? Trage diesen Term in die Tabelle ein.

A	$40x + 25$
B	$25x + 40x$
C	$40x - 25x$

D	$25x - 40$
E	$25x + 40$
F	$40x - 25$

Anzahl der Schichten x	Höhe der Mauer mit dem Gitter ______
1	
2	
3	
4	
5	

c) Vervollständige die Tabelle.

d) Die Mauer mit dem Gitter ist 1,15 m hoch. Wie viele Schichten hat der Maurer gesetzt?

A: ______________________________

Terme mit Variablen ordnen und zusammenfassen

1 Fasse zusammen wie im Beispiel.

a) $2 \cdot x + 3 \cdot x =$ ____
$6 \cdot x + 5 \cdot x =$ ____
$4 \cdot x + x =$ ____

b) $3 \cdot x + 5 \cdot x + 4 \cdot x =$ ____
$x + 7 \cdot x + x + x =$ ____
$8 \cdot x + 2 \cdot x + 9 \cdot x =$ ____

$2 \cdot x + 3 \cdot x = 5 \cdot x$

2 Neben den Säcken stehen noch 1-kg-Gewichtsstücke. Die Bilder zeigen, wie du die Terme durch Ordnen und Zusammenfassen vereinfachen kannst. Schreibe den Term zum 3. Bild.

$2 \cdot x + 1 + x + 2$ $\quad$ $2 \cdot x + x + 1 + 2$ $\quad$ ____

3 Vereinfache die Terme wie im Beispiel.

$2 \cdot x + 4 + 3 \cdot x + 5 = 5 \cdot x + 9$

a) $2 \cdot x + 3 + 4 \cdot x + 6 =$ ____
b) $7 \cdot x + 2 + 2 \cdot x + 1 =$ ____
c) $5 \cdot x + 3 + x + 2 =$ ____
d) $4 \cdot x + 6 + 9 \cdot x + 7 =$ ____
e) $x + 7 + 8 \cdot x + 1 =$ ____
f) $5 \cdot x + 9 + 8 \cdot x + 9 =$ ____
g) $9 \cdot x + 6 + x + 9 =$ ____

4 Vereinfache die Terme.

a) $9 + 3 \cdot x + 5 \cdot x + 6 =$ ____
b) $7 + x + 2 \cdot x + 7 =$ ____
c) $8 + 4 \cdot x + 9 + 8 \cdot x =$ ____
d) $2 + 9 \cdot x + 8 + x =$ ____
e) $9 \cdot x + 2 + 8 \cdot x + 7 + 2 \cdot x =$ ____
f) $9 + 3 \cdot x + 4 + x + 7 \cdot x =$ ____

5 Fasse zusammen wie im Beispiel.

a) $5 \cdot x - 2 \cdot x =$ ____
$7 \cdot x - 4 \cdot x =$ ____
$3 \cdot x - x =$ ____

b) $8 \cdot x - 2 \cdot x - 3 \cdot x =$ ____
$7 \cdot x - x - 4 \cdot x =$ ____
$9 \cdot x - 2 \cdot x - x =$ ____

$5 \cdot x - 2 \cdot x = 3 \cdot x$

6 Drei Säcke und vier 1-kg-Gewichtsstücke waren zuerst da. Ein Sack und zwei Gewichtsstücke werden weggenommen. Schreibe den Term zum 2. Bild.

$3 \cdot x + 4 - x - 2$

____

7 Vereinfache die Terme wie im Beispiel.

$4 \cdot x + 6 - 2 \cdot x - 3 = 2 \cdot x + 3$

a) $6 \cdot x + 5 - 4 \cdot x - 2 =$ ____
b) $8 \cdot x + 7 - 5 \cdot x - 1 =$ ____
c) $9 \cdot x + 3 + 8 \cdot x - 1 =$ ____
d) $6 \cdot x + 2 - 5 \cdot x + 7 =$ ____
e) $5 \cdot x + 9 - 2 \cdot x + 9 =$ ____

Waagen im Gleichgewicht

1 Das unbekannte Gewicht x wird mit der Waage bestimmt.
Vervollständige den Lösungsweg für die dazugehörige Gleichung.
Wie groß ist das unbekannte Gewicht x?

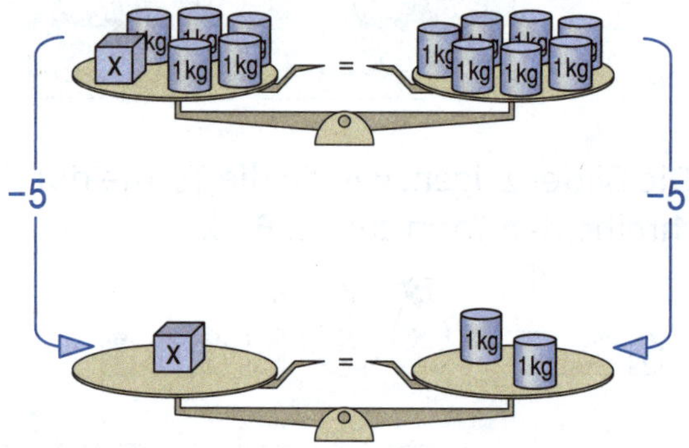

Gleichung:	x + 5 = 7
Lösen der Gleichung:	x + 5 = 7 | − 5
Lösung:	x =

A: ______________________________

Zum Lösen einer Gleichung führst du auf beiden Seiten dieselben Rechnungen durch.

2 Zum oberen Waagebild wurde eine Gleichung geschrieben.
Vervollständige den Lösungsweg für die Gleichung.

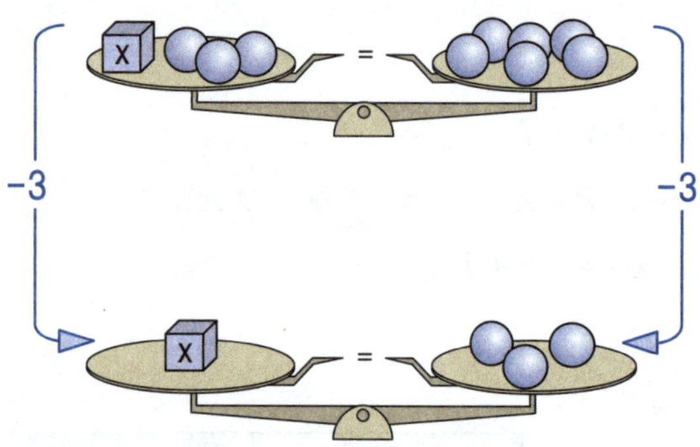

Gleichung:	x + 3 = 6
Lösen der Gleichung:	x + 3 = 6
Lösung:	

3 x ist unbekannt.
a) Schreibe die Gleichung zum oberen Waagebild auf.
b) x wird an der Waage bestimmt. Trage den Lösungsschritt in das Waagebild ein.
c) Löse die Gleichung.

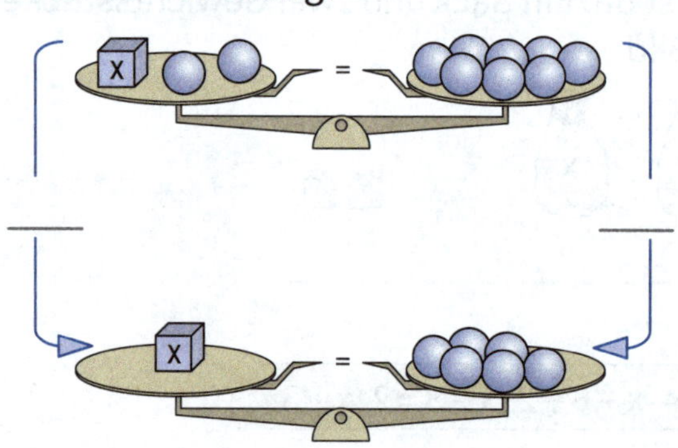

Gleichung:	
Lösen der Gleichung:	

4 Löse die Gleichungen.

a)	b)	c)
x + 2 = 9	x + 4 = 7	x + 7 = 8

Waagen im Gleichgewicht

1 Zum oberen Waagebild wurde eine Gleichung geschrieben.
Vervollständige den Lösungsweg für die Gleichung.

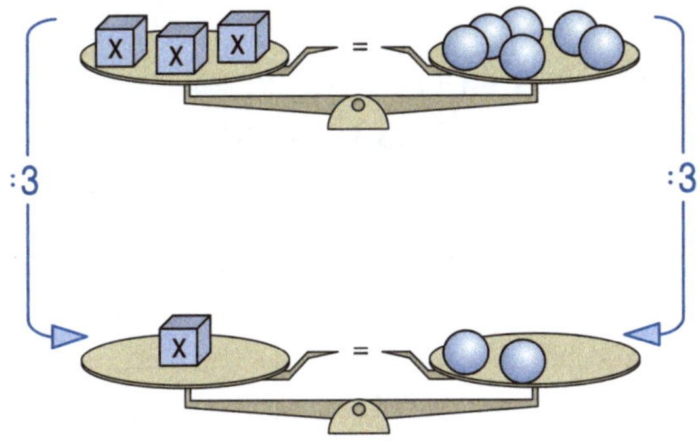

Gleichung:	3	x	=	6		
Lösen der Gleichung:	3	x	=	6	:	3
Lösung:		x	=			

2 Schreibe die Gleichung zum oberen Waagebild auf. Trage den Lösungsschritt zur Bestimmung von x in das Waagebild ein. Löse die Gleichung.

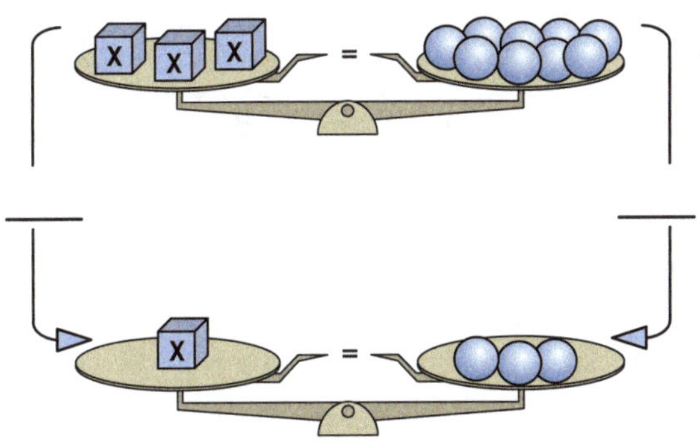

Gleichung:	
Lösen der Gleichung:	

3 a) Schreibe die Gleichung zum oberen Waagebild auf.
b) Hier gibt es zwei Lösungsschritte. Trage sie in das Waagebild ein. Löse die Gleichung.

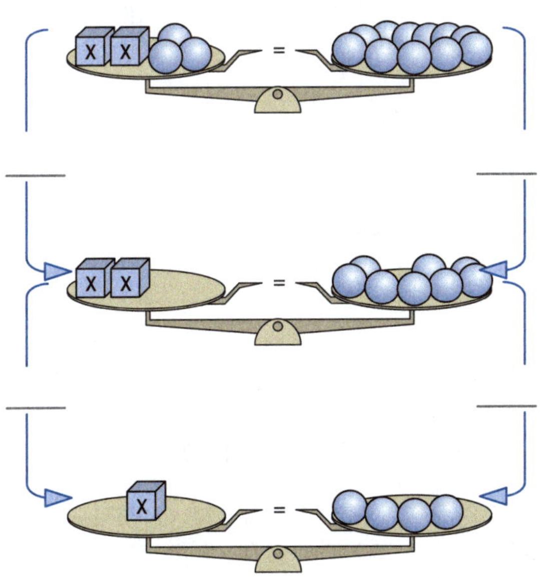

Gleichung:	
Lösen der Gleichung:	

4 Löse die Gleichung.

a) $5x = 20$

b) $4x + 3 = 19$

Gleichungen mit x auf einer Seite

1 Löse die Gleichungen. Setze wie im Beispiel bei der Probe für x die Lösung ein. Wenn dadurch eine wahre Aussage entsteht, ist deine Lösung richtig.

$$x + 15 = 38 \quad | - 15$$
$$x = 23$$

Probe: $23 + 15 = 38$
$38 = 38$ wahr!

a) $x + 32 = 58 \quad | - 32$

Probe:
$\square + 32 = 58$

b) $x + 27 = 63$

Probe:

2 Löse die Gleichungen. Mache die Probe. Beachte: $8x = 8 \cdot x$

a) $8x = 96 \quad | : 8$

Probe:

b) $6x = 78$

Probe:

3 Bei diesen Gleichungen gibt es einen Lösungsschritt mehr. Mache die Probe.

a) $3x + 15 = 60 \quad | - 15$

Probe:
$3 \cdot \square = 60$

b) $4x + 16 = 64$

Probe:

c) $7x + 13 = 97$

Probe:

d) $8x + 28 = 100$

Probe:

Gleichungen mit x auf einer Seite

1 Fasse zuerst die Vielfachen der unbekannten Zahl zusammen.
Zur Probe setze die gefundene Lösung in die Ausgangsgleichung ein.

a) $6x + 5 + 3x = 41$

$9x + 5 = 41 \quad | -5$

$9x = 36 \quad | :9$

$x = \square$

Probe:

$6 \cdot \square + 5 + 3 \cdot \square = 41$

b) $4x + 9 + 3x = 44$

2 Fasse zusammen, dann löse die Gleichung. Mache die Probe.

a) $9x + 7 + 3x = 43$

b) $2x + 7 + 6x = 55$

3 Löse die Gleichung. Mache die Probe.

a) $9x + 5 - 3x = 29$

b) $7x - 8 - 2x = 37$

Gleichungen mit x auf beiden Seiten

1 Die Umformung der Gleichung kannst du mit dem Waagebild erklären. Vervollständige den Lösungsweg. Zur Probe setze die gefundene Lösung in die Ausgangsgleichung ein.

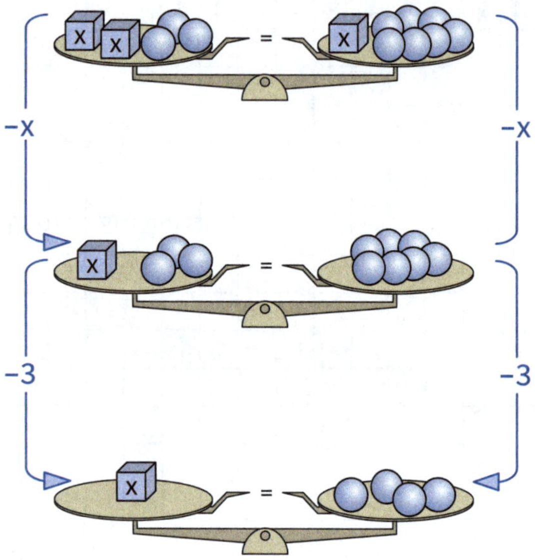

$2x + 3 = x + 7 \quad | -x$

$x + 3 = 7$

Probe:

$2 \cdot$

2 Löse die Gleichungen. Mache die Probe.

a) $7x + 3 = x + 27$

Probe:

b) $8x + 2 = 6x + 8$

Probe:

3 Bei diesen Gleichungen kannst du zuerst zusammenfassen. Mache die Probe.

a) $5x + 2 - x = x + 8$

Probe:

b) $3x + 3 + x = 2x + 9$

Probe:

Gleichungen mit x auf beiden Seiten

1 Löse die Gleichung. Die Lösung kann eine negative Zahl sein.

a) $6x + 17 = 2x - 3$

b) $8x - 23 = 6x + 7$

c) $67 - 5x = 5x + 7$

d) $19 + 4x = 2x + 7$

2 Auch hier kann die Lösung eine negative Zahl sein.

a) $7x + 8 - 3x = 2x + 6$

b) $9 + 9x + 3 = 2x - 2$

c) $9x - 5 + 2x = 4x + 2$

d) $3x - 3 - x = 4x + 9$

3 Fasse zuerst auf beiden Seiten der Gleichung zusammen. Die Lösung kann eine negative Zahl sein.

a) $23x - 24 - 8x + 10 = 14 + 13x - 12$

b) $27x + 30 + 5x + 10 = 18 + 17x - 8$

Üben: Sachaufgaben

1 Stelle eine Gleichung auf und löse sie. Schreibe einen Antwortsatz.

a)

Wie viel € kostet der Eintritt für ein Kind?

Eintritt für ein Kind:	x
Eintritt für 3 Kinder:	$3x$
Eintritt für alle:	$3x + 5 = 17$
Lösen der Gleichung:	$3x + 5 = 17$ |

A: ______________________________

b)

Wie viel € kostet der Eintritt für eine Person?

A: ______________________________

2 Welche der vier Gleichungen gehört zum Text? Löse sie. Schreibe einen Antwortsatz.

$2x + 4 = 26$ | $4x - 2 = 26$ | $4x + 2 = 26$ | $2x - 4 = 26$

a) Lara kauft 4 Ringe. Sie kann einen Gutschein über 2 € einlösen. Daher muss sie nur noch 26 € bezahlen.
Wie viel Euro kostet ein Ring?

A: ______________________________

b) Ali kauft 4 Kinokarten und eine Tüte Popcorn für 2 €. An der Kasse bezahlt er insgesamt 26 €.
Wie viel Euro kostet eine Kinokarte?

A: ______________________________

3 Herr Hofmann kauft 5 Kreisel und ein Paket Straßenkreide, das 4 € kostet.
An der Kasse bezahlt er insgesamt 39 €.
Wie viel Euro kostet ein Kreisel?

A: ______________________________

____

Üben: Sachaufgaben

1

Wie teuer ist eine Eintrittskarte?
Stelle eine Gleichung auf und löse sie.

A: ______________________________

2 Bestimme den Preis mit einer Gleichung.

a)

Eine Brille kostet __________ €.

b)

Ein Schläger kostet __________ €.

3 Löse die Aufgabe mithilfe der zugehörigen Gleichung. Eine Gleichung bleibt übrig.

$4 \cdot x + 8{,}60 = 50$	$4 \cdot x + 4 \cdot 8{,}60 = 50$	$4 \cdot x - 8{,}60 = 50$

a) Frau Arp kauft für den Sportverein 4 T-Shirts zu je 8,60 € und 4 Paar Socken. Sie bezahlt insgesamt genau 50 €. Wie viel Euro kostet ein Paar Socken?

A: ______________________________

b) Herr Silk kauft für den Sportverein 4 Bälle. Er bekommt 8,60 € Rabatt. Er bezahlt noch genau 50 €. Wie viel Euro kostet ein Ball?

A: ______________________________

Üben: Sachaufgaben

1

Der mittlere Baumstamm ist doppelt so lang wie der kürzeste, der längste Baumstamm ist sogar dreimal so lang. Zusammen sind die drei Baumstämme 36 m lang.
Wie lang ist jeder Baumstamm?

A: Der kürzeste Baumstamm ist ____ m lang,
der mittlere Baumstamm ____ m und der
längste Baumstamm ist ____ m lang.

Länge des kürzesten Stammes:
x

Länge des mittleren Stammes:
2 x

Länge des längsten Stammes:
3 x

x + 2 x + 3 x = 3 6 m

2 Auf einer dreitägigen Radtour legen Laura und Jenny insgesamt 63 km zurück.
Am zweiten Tag fahren sie doppelt so weit wie am ersten Tag, am dritten Tag viermal so weit wie am ersten Tag.
Wie weit fahren sie an jedem der drei Tage?

A: Am ersten Tag fahren sie ____ km,
am zweiten Tag sind es ____ km,
und am dritten Tag fahren sie ____ km.

Strecke am 1. Tag: x

3 Von März bis Mai hat Sarah insgesamt 180 € gespart.
Im April hat sie 20 € mehr gespart als im März. Im Mai waren es sogar 40 € mehr als im März.
Wie viel Euro hat Sarah in jedem der drei Monate gespart?

A: Im März hat Sarah ____ € gespart,
im April waren es ____ €,
und im Mai hat Sarah ____ € gespart.

4 Wie groß ist jedes der drei Kinder?

A: Lea ist ____ m groß, Jan ist ____ m groß,
und Max ist ____ m groß.

Üben: Gleichungen in der Geometrie

1 Bestimme die fehlende Seitenlänge des Gartens mit einer Gleichung.

a) Umfang u = 140 m

m

$2 \cdot a + 2 \cdot 25\,m = 140\,m$

$2a + 50\,m = 140\,m$

Seitenlänge a: ____________________

b) Umfang u = 180 m

$2 \cdot 56\,m + 2 \cdot b = 180\,m$

Seitenlänge b: ____________________

2 Der Umfang der Figur ist die Summe aller Seitenlängen. Er beträgt 120 cm. Bestimme die unbekannte Länge x mit einer Gleichung.

a)

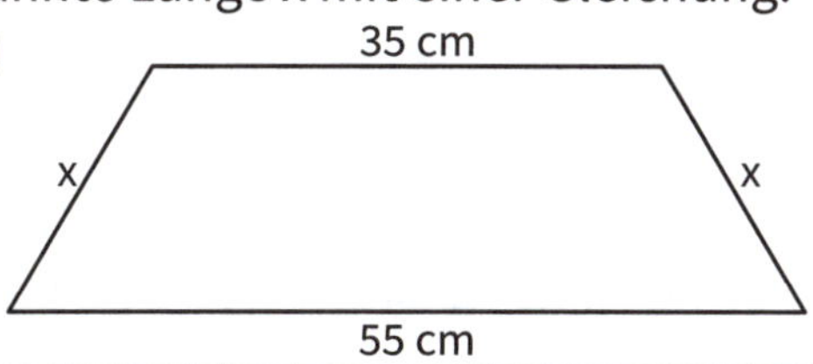

$55\,cm + x + 35\,cm + x = 120\,cm$

Länge x: ____________________

b)

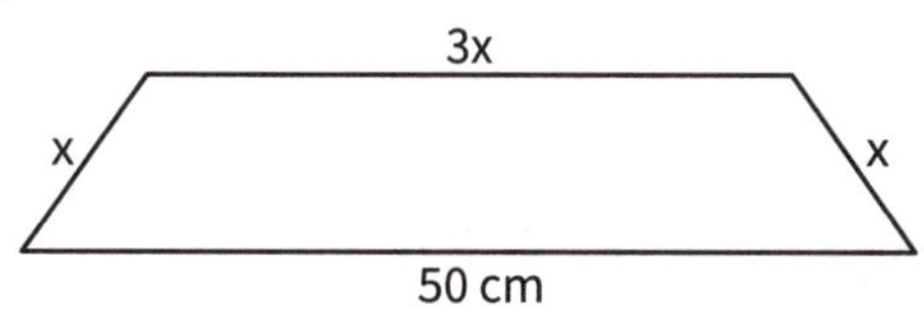

Länge x: ____________________

3 Die Winkelsumme im Dreieck beträgt 180°. Bestimme den Winkel x mit einer Gleichung.

a)

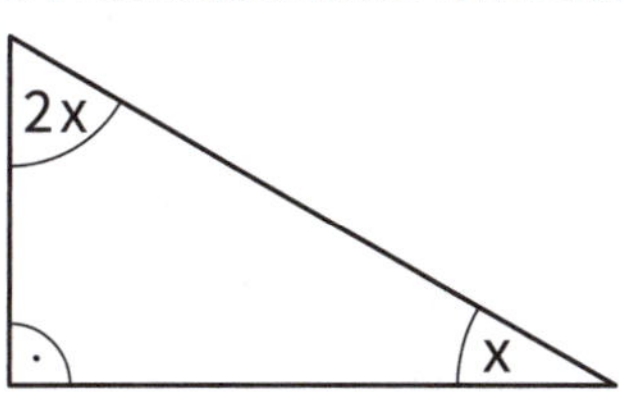

Winkel x: ____________________

b)

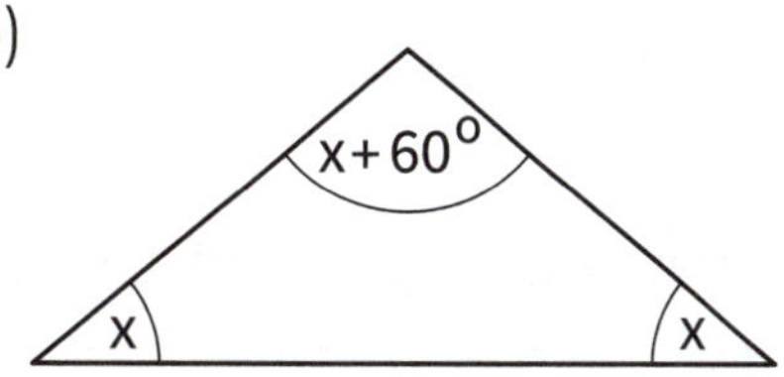

Winkel x: ____________________

Vermischte Übungen

1 Verbinde jeden Text mit dem zugehörigen Term.

a)

Text	Term
x wird von 5 subtrahiert.	$5 - x$
Das 5-fache von x.	$x + 5$
Von x wird 5 subtrahiert.	$x - 5$
Zu x wird 5 addiert.	$5 \cdot x$

b)

Text	Term
Das 8-fache von x.	$x - 8$
Von 8 wird x subtrahiert.	$8 \cdot x$
8 wird von x subtrahiert.	$x + 8$
8 wird zu x addiert.	$8 - x$

2 Vereinfache die Terme.

a) $3 \cdot x + 5 + 4 \cdot x + 3$ = ____________

b) $x + 8 + 4 \cdot x + 1$ = ____________

c) $6 \cdot x + 9 + 5 \cdot x + 2$ = ____________

d) $7 + x + 4 + 3 \cdot x$ = ____________

e) $9 \cdot x + 9 - 4 \cdot x + 3$ = ____________

f) $7 \cdot x + 8 - x + 19$ = ____________

g) $8 - 5 \cdot x + 3 + 7 \cdot x$ = ____________

h) $20 - x + 4 - 3 \cdot x$ = ____________

3 Löse die Gleichung.

a) $6x + 5 = 23$

b) $7x + 8 = 71$

c) $8x - 4 = 68$

d) $9x - 5 = 49$

4 Fasse zuerst zusammen, dann löse die Gleichung.

a) $5x + 2 - 2x = 26$

b) $3x + 5 - x = x + 9$

5 Stelle eine Gleichung zur Aufgabe auf. Löse die Gleichung. Schreibe einen Antwortsatz.

Frau Lauer kauft für den Sportverein ein Paar Socken für 6 € und 5 gleiche T-Shirts.
Sie bezahlt insgesamt 51 €.
Wie viel Euro kostet ein T-Shirt?

A: ______________________________

____

2 Zinsrechnung

Zinsrechnung als Anwendung der Prozentrechnung

1 Trage die passenden Begriffe ein.

a) Jenny spart für ein Mofa. Sie zahlt 50 € auf ihr __________ ein.

b) Für die Anschaffung einer Maschine nimmt Maurermeister Biel ein __________ von 12 000 € auf.

c) Frau und Herr Lenz möchten ein Haus kaufen. Von der Bank bekommen sie einen __________ von 200 000 €.

d) Frau Oruc hat auf ihrem Girokonto ein __________ von 1 200 €.

Guthaben
Kredit
Darlehen
Sparkonto

Die Zinsrechnung ist eine Anwendung der Prozentrechnung.

Prozentrechnung:	Grundwert	Prozentsatz	Prozentwert
	500 €	3 %	3 % von 500 € = 15 €
Zinsrechnung:	**Kapital**	**Zinssatz**	**Jahreszinsen**

2 Wer Geld anlegt bekommt Zinsen.
Berechne die Zinsen für ein Jahr. Der Zinssatz ist immer 3 %.

a) Kapital: 400 €

%	€
100	400

(:100, ·3 auf beiden Seiten)

Zinsen für ein Jahr: ____ €

b) Kapital: 900 €

%	€

Zinsen für ein Jahr: ____ €

c) Kapital: 2 500 €

%	€

Zinsen für ein Jahr: ____ €

3 Berechne im Kopf die Zinsen für ein Jahr. Das Kapital beträgt 8 000 €.

a) Der Zinssatz ist 1 %. Zinsen: __________

b) Der Zinssatz ist 3 %. Zinsen: __________

4 Berechne die Zinsen für ein Jahr.

a) Guthaben: 760 €

Zinssatz: 2 %

%	€

b) Guthaben: 8 980 €

Zinssatz: 5 %

%	€

Zinsen für ein Jahr: __________ €

Zinsen für ein Jahr: __________ €

Grundaufgaben der Zinsrechnung

1 Wenn man bei einer Bank Geld leiht, muss man Zinsen zahlen.
Das geliehene Geld nennt man Kredit. Berechne die Zinsen für ein Jahr.

a)

%	€

b)

%	€

2 Frau Bauer leiht bei der Bank 500 €.
Die Jahreszinsen betragen 60 €.
Wie hoch ist der Zinssatz?

€	%
500	

A: ______________________________

3 Berechne die Höhe des Kredits.

a) Für eine neue Küche leiht Herr Daniele Geld bei der Bank zum Zinssatz von 8%. Er zahlt 240 € Jahreszinsen.

Höhe des Kredits: ______________

%	€

b) Frau Yilmaz leiht bei der Bank Geld für ein Motorrad. Der Zinssatz beträgt 7%. Frau Yilmaz zahlt 280 € Jahreszinsen.

Höhe des Kredits: ______________

%	€

4 Herr Tabor und Frau Wang leihen beide 2000 € bei der Bank. Herr Tabor erhält seinen Kredit mit einem Zinssatz von 10%. Frau Wang zahlt 250 € Jahreszinsen. Wer erhält den günstigeren Kredit?

A: ______________________________

Tageszinsen

Ein Bankjahr hat 360 Tage.

1 Herr Veith legt 24 000 € bei der Bank an. Der Zinssatz beträgt 1,5 %. Nach 70 Tagen hebt er das Geld ab, um eine Rechnung zu bezahlen. Wie viel Euro Zinsen bekommt er für diese Zeit? Berechne zunächst die Jahreszinsen, dann die Tageszinsen für 70 Tage.

Jahreszinsen	
%	€
100	24 000

Tageszinsen	
Tage	€
360	
1	
70	

A: ______________________

2 Berechne zunächst die Jahreszinsen, dann die Tageszinsen für die angegebene Zeit.

A

Kapital	60 000 €
Zinssatz	1,2 %
Zeit	55 Tage

B

Kredit	2 400 €
Zinssatz	7,5 %
Zeit	234 Tage

C

Kapital	15 000 €
Zinssatz	2,4 %
Zeit	325 Tage

A

Jahreszinsen	
%	€

Tageszinsen	
Tage	€

Tageszinsen: ______________________

B

Jahreszinsen	
%	€

Tageszinsen	
Tage	€

Tageszinsen: ______________________

C

Jahreszinsen	
%	€

Tageszinsen	
Tage	€

Tageszinsen: ______________________

Arbeiten mit dem Computer: Zinsrechnung

1 Erstelle das Rechenblatt in einem Tabellenkalkulationsprogramm auf deinem Computer.

	A	B	C
1	**Berechnung der Jahreszinsen**		
2			
3	Kapital	1.800 €	
4	Zinssatz	1,20%	
5	Zinsen		
6			
7	Guthaben am Jahresende		
8			

Hier trägst du die Formel zur Bestimmung der Jahreszinsen ein:
=B3*B4
und bestätigst mit Enter.

2 Welche Formel musst du zur Bestimmung des Guthabens am Jahresende in B7 eingeben? Kreuze an und ergänze am Computer.

☐ =B3+B4 ☐ =B3*B5 ☐ =B3+B5 ☐ =B4*B5

3 Verändere die Werte für Kapital und Zinssatz am Computer und ergänze die Tabellen im Arbeitsheft.

	A	B	C
1	**Berechnung der Jahreszinsen**		
2			
3	Kapital	2.700 €	
4	Zinssatz	1,50%	
5	Zinsen		
6			
7	Guthaben am Jahresende		
8			

	A	B	C
1	**Berechnung der Jahreszinsen**		
2			
3	Kapital	4.370 €	
4	Zinssatz	1,70%	
5	Zinsen		
6			
7	Guthaben am Jahresende		
8			

4 Die Anzahl der Dezimalstellen kann man am Computer einstellen.
Mit diesen Schaltflächen kannst du

←,0 ,00 Dezimalstellen hinzufügen, (das Ergebnis wird genauer.)

,00 →,0 Dezimalstellen löschen, (das Ergebnis wird ungenauer.)

a) Übertrage das Rechenblatt und berechne auf 4 Dezimalstellen.

	A	B	C
1	**Berechnung der Jahreszinsen**		
2			
3	Kapital	5.373 €	
4	Zinssatz	1,90%	
5	Zinsen		
6			
7	Guthaben am Jahresende		
8			

b) Übertrage das Rechenblatt und berechne auf 1 Dezimalstelle.

	A	B	C
1	**Berechnung der Jahreszinsen**		
2			
3	Kapital	3.865 €	
4	Zinssatz	0,90%	
5	Zinsen		
6			
7	Guthaben am Jahresende		
8			

5 Für ein Kapital von 3 200 € erhält Bernd 48 € Jahreszinsen.
Welchem Zinssatz entspricht das? Kreuze an und überprüfe.

☐ 2 % ☐ 5 % ☐ 1,5 % ☐ 0,5 %

Arbeiten mit dem Computer: Zinsrechnung

1 Jessica bekommt bei ihrer Bank einen Zinssatz von 2,2 %. Ihr Kapital beträgt 4 500 €. Nach 240 Tagen braucht sie das Geld und hebt es mit Zinsen ab. Welche Formeln stehen in B7 und in B8? Ordne zu.

	A	B
1	**Berechnung der Tageszinsen**	
2		
3	Kapital	4.800 €
4	Zinssatz	2,20%
5	Zeit in Tagen	240
6	Jahreszinsen	105,60 €
7	Tageszinsen	0,2933 €
8	Zinsen für die Anlagezeit	70,40 €

_______ =B6/360

_______ =B7*B5

2 a) Übertrage das Rechenblatt in ein Tabellenkalkulationsprogramm auf deinem Computer. Verwende die Formeln für die Zellen B6, B7 und B8.
b) Verändere die Werte für Kapital, Zinssatz und Zeit am Computer und ergänze die Tabellen im Arbeitsheft.

	A	B
1	**Berechnung der Tageszinsen**	
2		
3	Kapital	5.300 €
4	Zinssatz	1,80%
5	Zeit in Tagen	150
6	Jahreszinsen	
7	Tageszinsen	
8	Zinsen für die Anlagezeit	

	A	B
1	**Berechnung der Tageszinsen**	
2		
3	Kapital	2.480 €
4	Zinssatz	1,70%
5	Zeit in Tagen	210
6	Jahreszinsen	
7	Tageszinsen	
8	Zinsen für die Anlagezeit	

3 Frau Keller leiht bei der Bank 8 500 €. Die Bank verlangt 8,4 % Zinsen. Nach 300 Tagen zahlt sie den Kredit und die angefallenen Zinsen zurück.
a) Welche Formeln stehen in den Zellen B6, B7, B8 und B9? Ordne zu und übertrage die Tabelle auf deinen Computer.

	A	B
1	**Berechnung des Rückzahlungsbetrags**	
2		
3	Kredit	8.500 €
4	Zinssatz	8,40%
5	Zeit in Tagen	300
6	Jahreszinsen	714,00 €
7	Tageszinsen	1,9833 €
8	Kreditzinsen	595,00 €
9	Rückzahlungsbetrag	9.095,00 €
10		

B6	B7	B8	B9
=B7*B5	=B3+B8	=B3*B4	=B6/360

b) Nach wie viel Tagen müsste Frau Keller den Kredit spätestens zurückzahlen, damit der Rückzahlungsbetrag unter 9 000 € bleibt? Du kannst es durch Probieren am Computer herausfinden.

A: ______________________________

Vermischte Übungen

1 Berechne die Jahreszinsen. Der Zinssatz beträgt immer 3 %.

Kapital 500 €	
%	€

Kapital 1 200 €	
%	€

Kapital 2 300 €	
%	€

2 a) Guthaben: 890 €

Zinssatz: 2 %

%	€

Zinsen für ein Jahr: ____________ €

b) Guthaben: 2 780 €

Zinssatz: 3 %

%	€

Zinsen für ein Jahr: ____________ €

3 a) Für den Kauf eines Autos leiht Frau Lux Geld bei der Bank zum Zinssatz von 7 %.
Sie zahlt 630 € Jahreszinsen.
Berechne die Höhe des Kredits.

%	€

Höhe des Kredits: ____________

b) Für die Ausstattung seines Büros leiht Herr Watermeier bei der Bank 5 000 €.
Er zahlt 600 € Jahreszinsen.
Bereche den Zinssatz.

€	%

Zinssatz: ____________

4 Ein Kapital beträgt 14 400 €. Der Zinssatz ist 5 %. Berechne die Tageszinsen für 95 Tage.

Jahreszinsen	
%	€

Tageszinsen	
Tage	€

Tageszinsen: ____________

3 Daten erheben und auswerten

Daten erfassen und auswerten

1 Bei einer Umfrage haben Kinder ihr Lieblingshaustier auf einen Zettel geschrieben.

Hund, Katze, Vogel, Hamster, Hund, Hund, Katze, Hund,
Hund, Hamster, Vogel, Katze, Katze, Hund, Katze,
Hund, Hamster, Hund, Hund, Vogel, Hund, Hund,
Katze, Hamster, Hamster, Katze, Vogel, Katze, Vogel, Hamster

a) Erfasse in einer Strichliste, wie oft jedes Tier genannt wurde. Vervollständige die Tabelle.
b) Stelle das Ergebnis der Umfrage in einem Säulendiagramm dar.

Lieblingstier	Anzahl der Stimmen	
Hund	卌 卌 |	11
Vogel		
Katze		
Hamster		

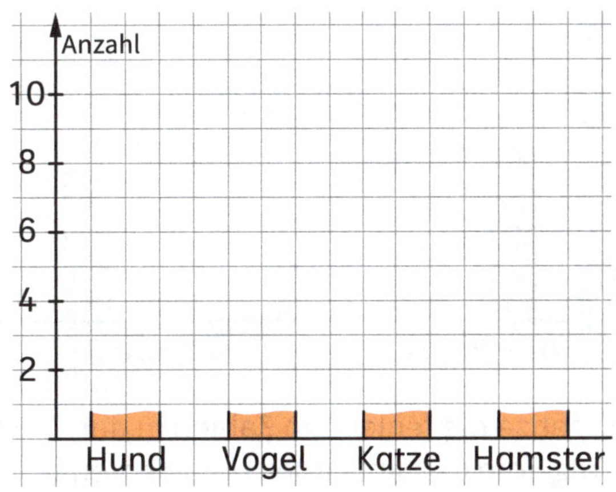

2 Nach einem Besuch im Zoo wurden Jugendliche nach ihrem liebsten Zootier gefragt. Dazu wurde die Tabelle erstellt.

Tier	Elefant	Löwe	Tiger	Bär	Giraffe	Schimpanse	Kamel
Anzahl der Stimmen	80	45	40	120	95	135	70

a) Stelle das Ergebnis der Umfrage in einem Balkendiagramm dar.

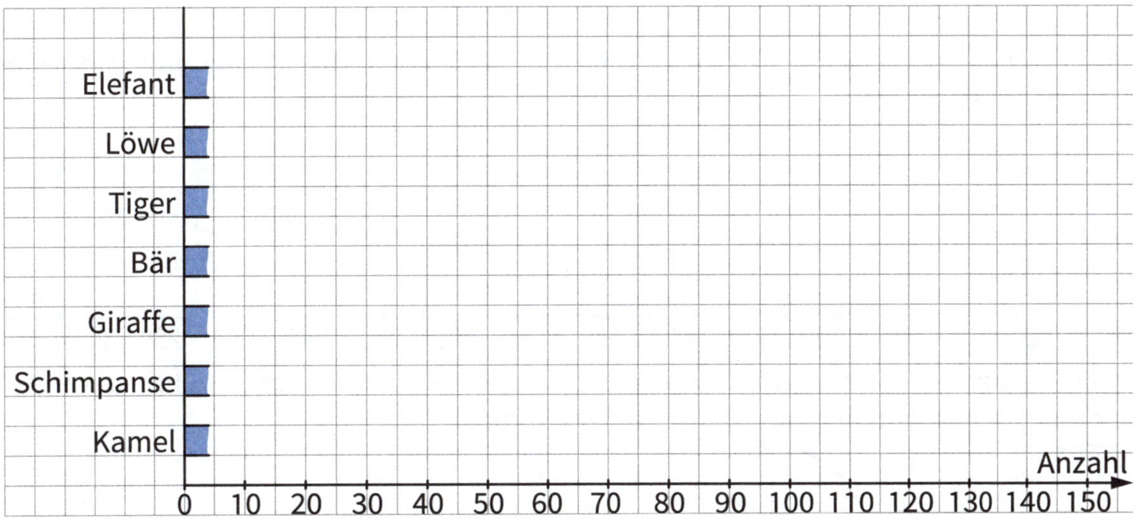

b) Ordne die Tiere nach der Anzahl der Stimmen. Beginne mit dem beliebtesten Tier.

____

Diagramme

In der Tabelle zur Verkehrszählung vor der Brunnenschule fehlen einige Zahlen. Das Diagramm ist noch nicht vollständig gezeichnet.

Uhrzeit	8–9	9–10	10–11	11–12	Gesamtzahl
Pkw	70	80			
Busse/Lkw		30	50		
Motorräder	30			35	
Fahrzeuge insgesamt von 8 Uhr bis 12 Uhr					

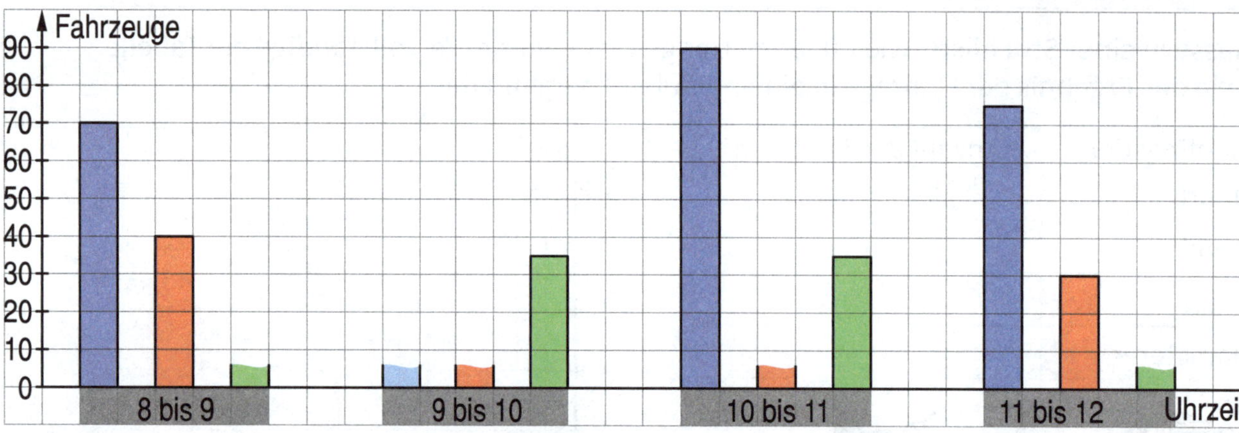

1 a) Ergänze die fehlenden Zahlen in der Tabelle. Zeichne die fehlenden Säulen.
b) Trage die Gesamtzahlen der Fahrzeuge von 8 Uhr bis 12 Uhr in die Tabelle ein.

2 Wahr oder falsch? Kreuze an.

		wahr	falsch
a)	Die meisten Pkw wurden von 10 Uhr bis 11 Uhr gezählt.		
b)	Die Gesamtzahl der Pkw zwischen 8 Uhr und 12 Uhr war kleiner als 200.		
c)	Von 8 Uhr bis 9 Uhr waren es 45 Pkw mehr als Motorräder.		
d)	Von 8 Uhr bis 12 Uhr waren es insgesamt mehr als 700 Fahrzeuge.		

3 a) Zeichne ein Balkendiagramm zu den Gesamtzahlen für Pkw, Busse/Lkw und Motorräder.

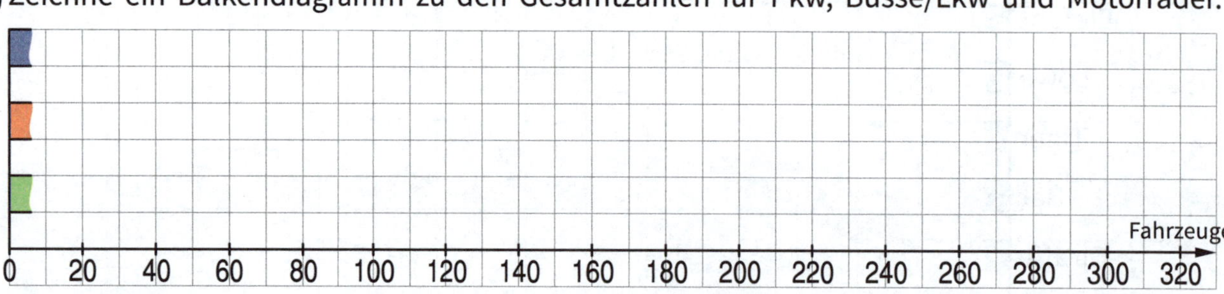

b) Nur in einem der vier Kreisdiagramme sind die Anteile der Fahrzeugarten richtig dargestellt. Färbe dieses Diagramm passend zu den Fahrzeugarten.

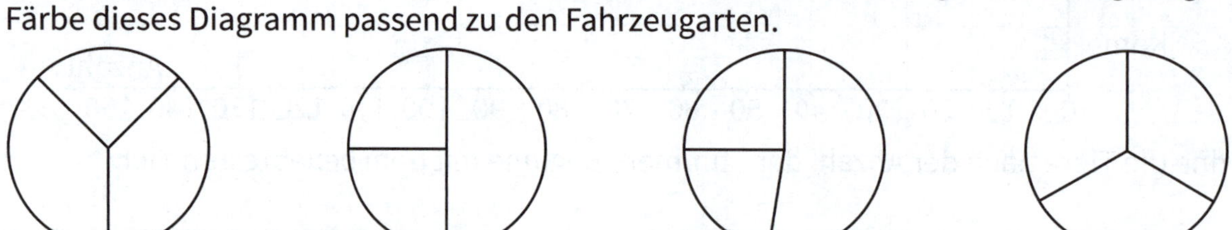

Diagramme

1

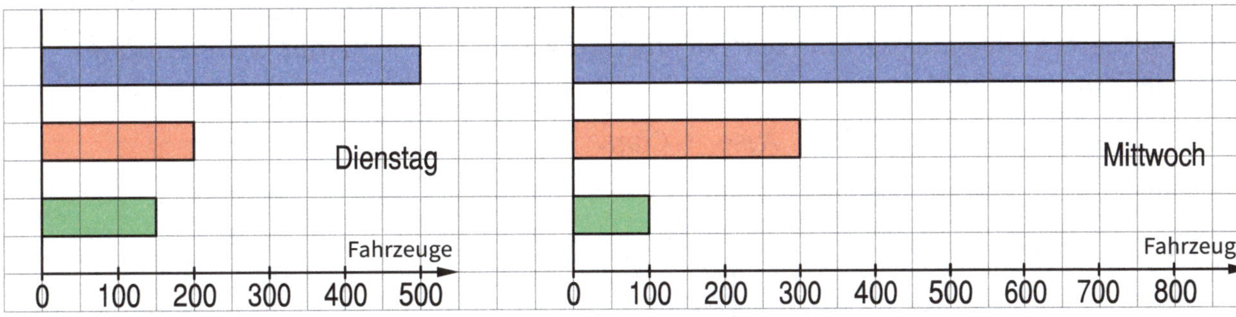

In den beiden Diagrammen sind die Zahlen der Verkehrszählung für Dienstag und Mittwoch dargestellt.

a) Lies ab, wie viele Fahrzeuge es jeweils waren. Trage die Zahlen in die Tabelle ein.

b) Trage für jeden Tag die Gesamtzahl der Fahrzeuge in die Tabelle ein.

	Di	Mi
Pkw		
Busse/Lkw		
Motorräder		
Gesamtzahl der Fahrzeuge		

c) Die Anteile der Fahrzeugarten für Dienstag und Mittwoch sind in einem Kreisdiagramm und in einem Streifendiagramm dargestellt. Zu welchen Wochentagen gehören die Diagramme? Schreibe zu jedem Diagramm den zugehörigen Wochentag.

______ ______ ______ ______

2 Die Tabelle wurde zu den Verkehrszählungen am Donnerstag und Freitag erstellt. Sie zeigt für jeden Tag, wie viel Prozent aller Fahrzeuge auf die Fahrzeugarten entfielen.

	Do	Fr
Pkw	70%	55%
Busse/Lkw	20%	20%
Motorräder	10%	25%

a) Die Anteile der Fahrzeugarten sollen für jeden Tag in einem Kreisdiagramm dargestellt werden. Schreibe zu jedem Diagramm den zugehörigen Wochentag. Färbe jedes Diagramm passend zu den Fahrzeugarten.

______ ______

b) Färbe das Streifendiagramm für Donnerstag passend zu den Fahrzeugarten. Erstelle das Streifendiagramm für Freitag.

Donnerstag

Freitag

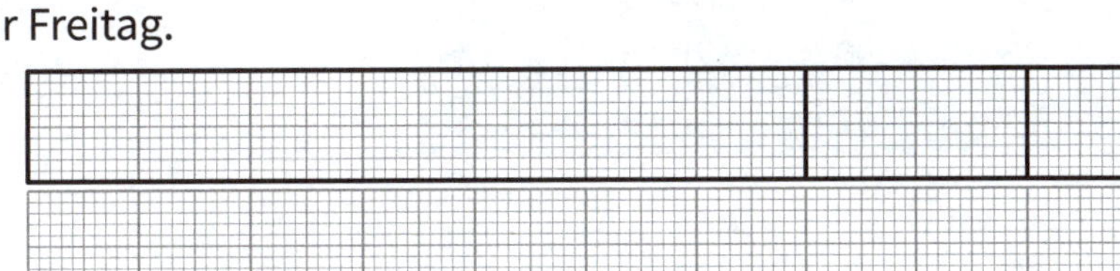

Arithmetisches Mittel

1 Sechs Mädchen haben ihre Körpergröße gemessen und dazu ein Säulendiagramm erstellt. Die waagerechte Linie markiert die Durchschnittsgröße der Mädchen (das arithmetische Mittel der Körpergrößen).

Ina	Sera	Lea	Steffi	Ayse	Clara
1,55 m	1,34 m	1,64 m	1,60 m	1,74 m	1,43 m

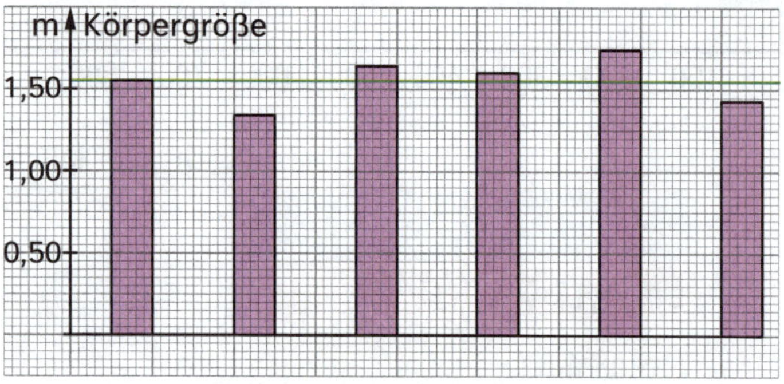

a) Schreibe die Namen der Mädchen unter die jeweilige Säule.
b) Berechne die Durchschnittsgröße der Mädchen.

A: ______________________________

c) Wurde die waagerechte Linie richtig eingezeichnet?

A: ______________________________

d) Wie groß ist der Unterschied zwischen dem größten und dem kleinsten Mädchen (Spannweite)?

A: ______________________________

2 In jedem Fahrstuhl weist ein Schild auf die Tragfähigkeit der Anlage hin. Diese darf nicht überschritten werden. Mit welchem Durchschnittsgewicht einer Person wurde jeweils gerechnet? Trage ein.

____

____

____

3 Bei den Sportspielen hat jeder Werfer drei Versuche. Ergänze die fehlenden Werte in der Tabelle.

	Lars	Cenk	Tom	Sun
1. Versuch	23 m	32 m	28 m	34 m
2. Versuch	25 m	30 m	20 m	32 m
3. Versuch	12 m	37 m	30 m	30 m
Durchschnitt				
Spannweite				

Arithmetisches Mittel, Median, Spannweite

1 In der Tabelle steht, wie viel Millimeter Niederschlag in den Monaten Mai bis September in Augsburg und in Potsdam gemessen wurden.

	Mai	Juni	Juli	August	September	Arithmetisches Mittel
Augsburg	73 mm	84 mm	79 mm	36 mm	63 mm	
Potsdam	17 mm	110 mm	60 mm	63 mm	10 mm	

a) Berechne jeweils das arithmetische Mittel. Trage es in die Tabelle ein.

b) Die Werte für Augsburg wurden in einer Rangliste der Größe nach geordnet. Der mittlere Wert ist der Median. Die Spannweite ist die Differenz zwischen dem größten und dem kleinsten Wert. Gib Median und Spannweite für Augsburg an.

Augsburg

Rangliste: 36 63 73 79 84

Spannweite: 84 – 36 = ______ Median: ______

c) Bestimme ebenso Median und Spannweite für die Niederschlagswerte in Potsdam.

Potsdam

Rangliste: ______ ______ ______ ______ ______

Spannweite: ______ – ______ = ______ Median: ______

2 Für eine gerade Anzahl von Werten ist der Median das arithmetische Mittel der beiden Werte in der Mitte der Rangliste. Im Beispiel wurde eine Rangliste für Temperaturen erstellt. Berechne den Median.

Rangliste:
8° 11° 17° 23° 24° 29°

Median: (17 + 23) : 2 = ______

3 So viel Millimeter Niederschlag gab es in Konstanz in den ersten sechs Monaten eines Jahres.

Januar	Februar	März	April	Mai	Juni	Arithmetisches Mittel
38 mm	30 mm	45 mm	40 mm	134 mm	85 mm	

a) Bestimme das arithmetische Mittel und trage es in die Tabelle ein.

b) Ordne alle 6 Werte zu einer Rangliste. Dann bestimme den Median und die Spannweite.

______ ______ ______ ______ ______ ______

Median: ______ Spannweite: ______

Arithmetisches Mittel, Median, Spannweite

1 Am 1. Juli wurden an Orten in zwei Bundesländern die höchsten Temperaturen notiert.

Mecklenburg-Vorpommern

Arkona	Greifswald	Marnitz	Rostock	Schwerin	Arithmetisches Mittel
25,1 °C	26,5 °C	24,9 °C	24,6 °C	23,4 °C	

Baden-Württemberg

Freudenstadt	Karlsruhe	Konstanz	Lahr	Stuttgart	Arithmetisches Mittel
22,3 °C	26,9 °C	27,6 °C	27,8 °C	26,4 °C	

a) Berechne jeweils das arithmetische Mittel der Temperaturen. Trage es in die Tabelle ein.

b) Ordne jeweils die Werte der Größe nach zu einer Rangliste. Beginne mit dem kleinsten Wert. Bestimme für jedes Bundesland den Median und die Spannweite.

Mecklenburg-Vorpommern

Rangliste: ________ ________ ________ ________ ________

Spannweite: ________________ = ________ Median: ________

Baden-Württemberg

Rangliste: ________ ________ ________ ________ ________

Spannweite: ________________ = ________ Median: ________

2 An den ersten sechs Tagen im Juli wurden in München diese Höchsttemperaturen notiert:

1. Juli	2. Juli	3. Juli	4. Juli	5. Juli	6. Juli	Arithmetisches Mittel
27,3 °C	24,2 °C	19,9 °C	23,2 °C	26,5 °C	21,7 °C	

a) Bestimme das arithmetische Mittel der Temperaturen. Trage es in die Tabelle ein.

b) Ordne die Werte zu einer Rangliste. Bestimme Median und Spannweite.

Rangliste: ________ ________ ________ ________ ________ ________

Spannweite: ________________ = ________ Median: ________

Statistische Darstellungen beurteilen

1 Der Jugendtreff 4U hatte in diesem Jahr doppelt so viele Besucher wie im Jahr davor. Zu den Besucherzahlen wurden Säulendiagramme erstellt.

a) Nur in zwei Darstellungen ist der Flächeninhalt der gelben Säule doppelt so groß wie der Flächeninhalt der blauen Säule. Kreuze an.

○ 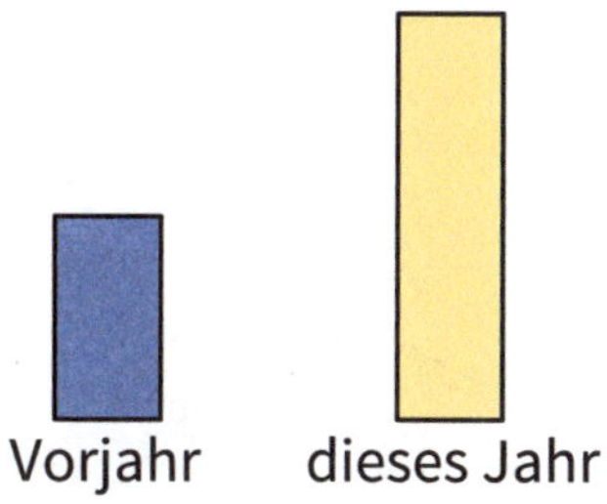

○ 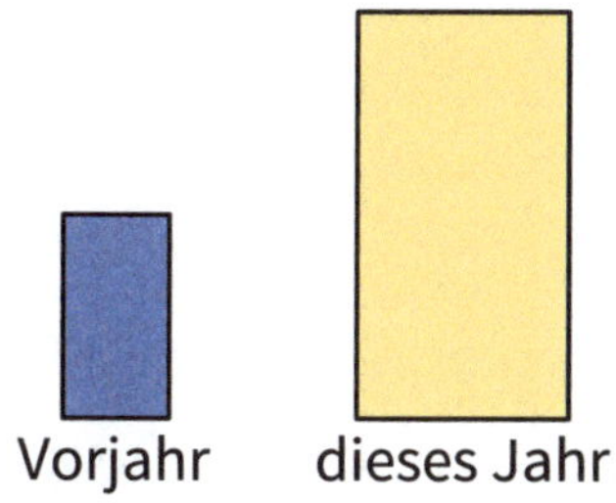

○ 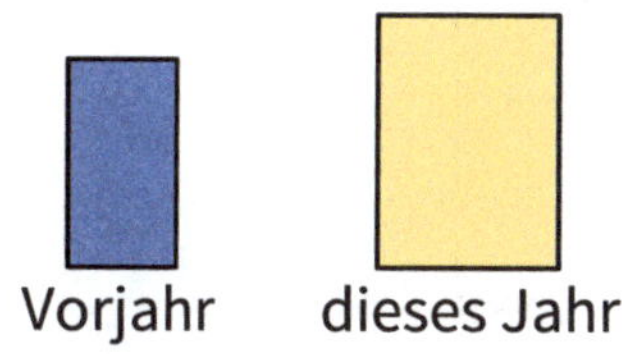

b) Eine der Darstellungen legt nahe, dass sich die Besucherzahlen mehr als verdoppelt haben. Wievielmal so groß wie im Vorjahr werden die Zahlen für dieses Jahr dargestellt? Kreuze an.

○ dreimal so groß ○ viermal so groß ○ fünfmal so groß

2 In der Tabelle steht, wie viele Jugendliche aus verschiedenen Altersgruppen am Wochenende im Jugendtreff 4U waren.

12 – 14 Jahre	14 – 16 Jahre	16 – 18 Jahre	älter als 18 Jahre	insgesamt
15	15	20	10	
$\frac{1}{4}$				

a) Wie viele Jugendliche waren es insgesamt? Vervollständige die Tabelle.
b) Ergänze in der Tabelle die Anteile der Altersgruppen an der Gesamtzahl.
c) In welchem der drei Diagramme erkennst du die Anteile am besten? Kreuze an.

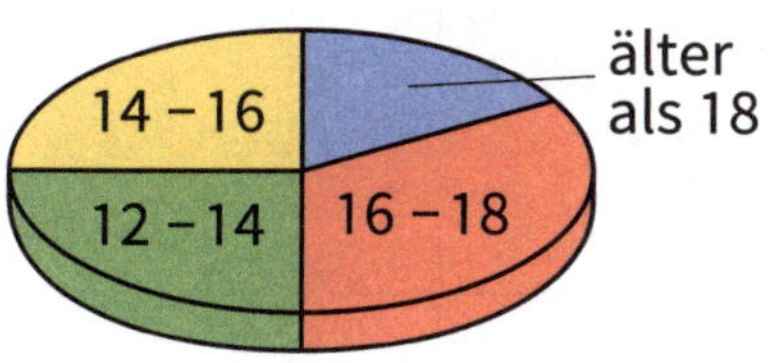

○

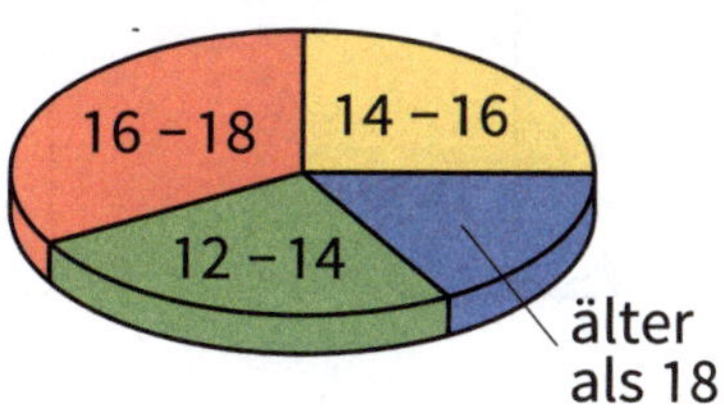

○

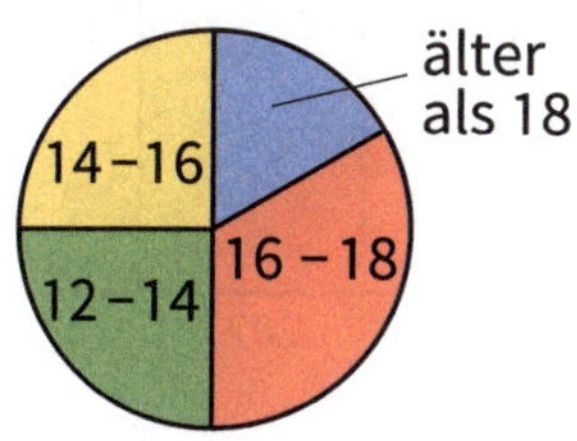

○

d) Woran liegt es, dass in einem der Diagramme der grüne und der gelbe Anteil verschieden groß erscheinen?

A: ______________________________

e) Stelle die Anteile in einem Streifendiagramm dar.

Statistische Darstellungen beurteilen

1

Zahl der Fahrraddiebstähle kaum gestiegen
Wie unser Diagramm zeigt, hat sich in den letzten 5 Jahren die Zahl der Fahrraddiebstähle in unserer Stadt kaum erhöht.

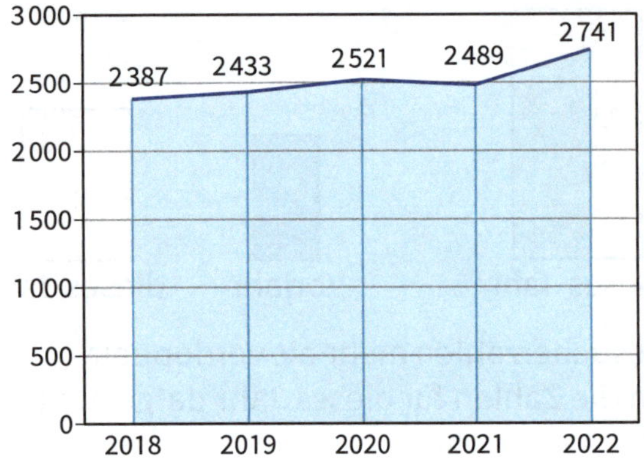

Zahl der Fahrraddiebstähle steigt stark an
Die Zahl der Fahrraddiebstähle in unserer Stadt hat in den letzten 5 Jahren dramatisch zugenommen. Dies ist unserem Diagramm zu entnehmen.

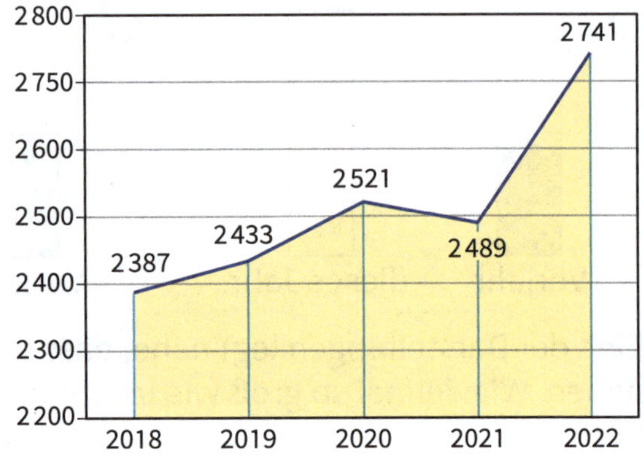

Lies die Zeitungsmeldungen. Woran liegt es, dass in beiden Diagrammen die Zunahme der Fahrraddiebstähle unterschiedlich groß erscheint?

A: ______________________________

2 Das Diagramm soll darstellen, wie viele Leserbriefe die Jugendzeitschrift *Eure Welt* abgedruckt hat. Erstelle ein Diagramm, das die Zunahme der Zahl abgedruckter Leserbriefe richtig darstellt. Schreibe dazu eine Überschrift für eine Zeitungsmeldung.

Zahl abgedruckter Leserbriefe stark erhöht

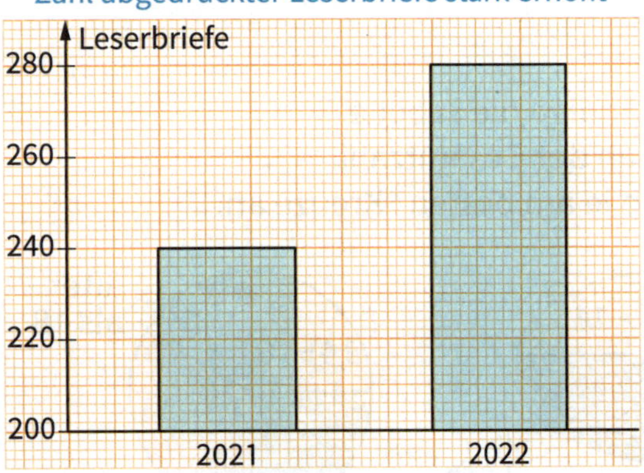

____

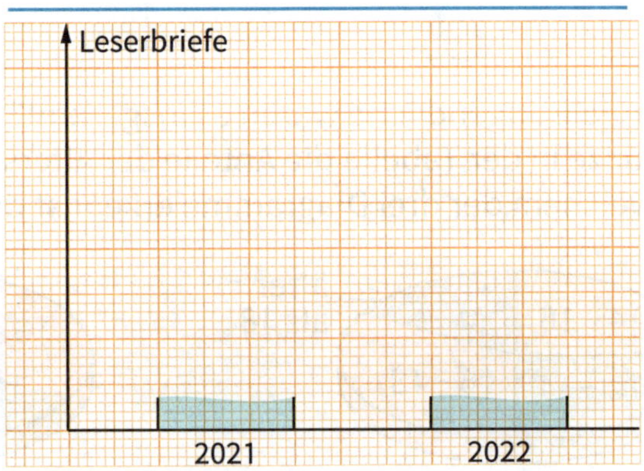

3 Im Jahr 2021 gab es in der Ortsdurchfahrt von Launau 176 Geschwindigkeitsverstöße.
Im Jahr 2022 waren es nur noch 118 Verstöße.
Welches Diagramm stellt den Rückgang realistisch dar? Kreuze an.

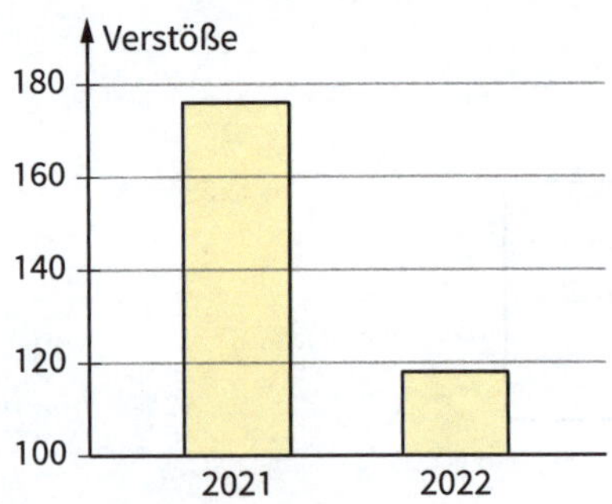

◯

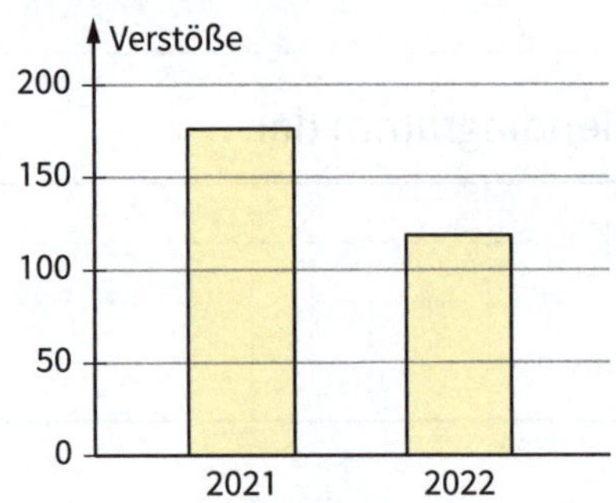

◯

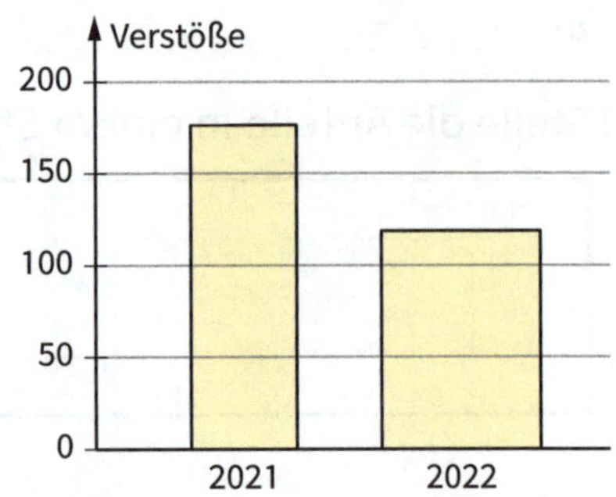

◯

Arbeiten mit dem Computer: Tabellenkalkulation

1 Das arithmetische Mittel und den Median kannst du schnell mit dem Computer berechnen. Auf dem Rechenblatt ist eingetragen, wie viele Stunden in einem Jahr am Bodensee die Sonne schien.

	A	B	C	D	E	F	G	H	I	J	K	L
1	**Sonnenscheinstunden am Bodensee**											
2	Jan	Feb	Mär	Apr	Mai	Jun	Jul	Aug	Sep	Okt	Nov	Dez
3	42	62	171	233	170	227	297	263	164	84	90	55
4												
5	Durchschnitt						Median					

a) Übertrage das Rechenblatt auf deinen Computer.

b) Für die Zahlen in den Zellen A3 bis L3 soll der Durchschnitt (arithmetisches Mittel) berechnet werden. Das Ergebnis soll in Zelle C5 stehen. Gib dazu den Befehl =Mittelwert(A3:L3) in die Zelle C5 ein. Bestätige mit ↵.

c) Für die Zahlen in den Zellen A3 bis L3 soll der Median berechnet werden. Das Ergebnis soll in Zelle H5 stehen. Gib dazu den Befehl =Median(A3:L3) in die Zelle H5 ein. Bestätige mit ↵.

d) Übertrage Durchschnitt und Median vom Rechenblatt des Computers in die Tabelle oben.

2

	A	B	C	D	E	F	G	H	I	J	K	L
1	**Sonnenscheinstunden auf Rügen**											
2	Jan	Feb	Mär	Apr	Mai	Jun	Jul	Aug	Sep	Okt	Nov	Dez
3	34	93	150	237	235	234	238	230	153	127	26	33
4												
5	Durchschnitt						Median					

a) Übertrage das Rechenblatt auf deinen Computer.
b) Berechne mit dem Computer Durchschnitt und Median. Übertrage sie in diese Tabelle.

3 Diagramme kannst du mit dem Computer erstellen oder auf Karopapier in dein Heft zeichnen.
a) Erstelle ein Säulendiagramm zu den Sonnenscheinstunden am Bodensee.
b) Erstelle ein Säulendiagramm zu den Sonnenscheinstunden auf Rügen.

4 Welches Diagramm stellt die Sonnenscheinstunden für den Bodensee dar, welches die Sonnenscheinstunden für Rügen? Schreibe passende Überschriften.

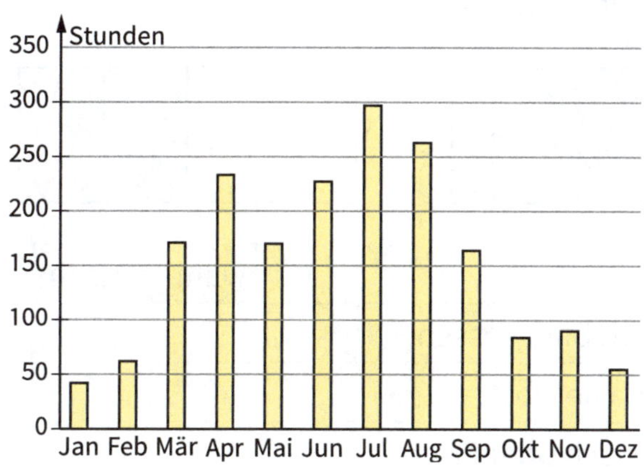

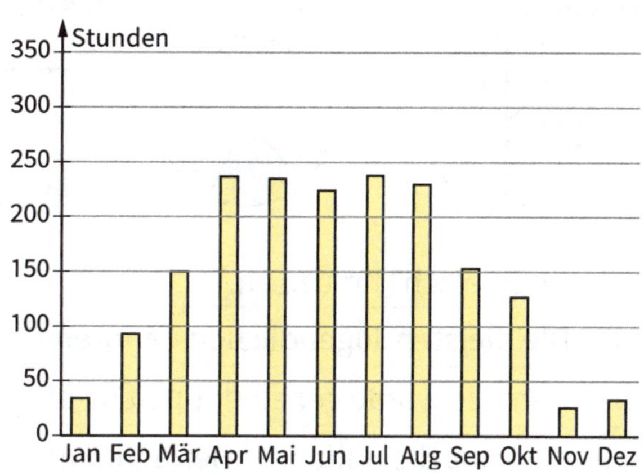

Vermischte Übungen

1 So viele Stunden schien von März bis Juni in Hamburg und in Stuttgart die Sonne.

	März	April	Mai	Juni
Hamburg	95 h	140 h	256 h	205 h
Stuttgart	115 h	136 h	193 h	168 h

a) Ordne jeweils die 4 Werte zu einer Rangliste.

Hamburg ______ ______ ______ ______

Stuttgart ______ ______ ______ ______

b) Bestimme jeweils für die vier Werte Durchschnitt (arithmetisches Mittel), Median und Spannweite.

Hamburg

Durchschnitt: ______

Median: ______

Spannweite: ______

Stuttgart

Durchschnitt: ______

Median: ______

Spannweite: ______

2 Bei einer Umfrage wurden Jugendliche nach ihrem Lieblingsessen gefragt. Jeder konnte nur eine Antwort geben. Das Ergebnis der Umfrage findest du in der Tabelle.

a) Wie viele Jugendliche wurden insgesamt befragt?

Fleisch	85
Fisch	40
Gemüse	50
Obst	25

A: ______________________________

b) Stelle das Ergebnis der Befragung in einem Balkendiagramm dar.

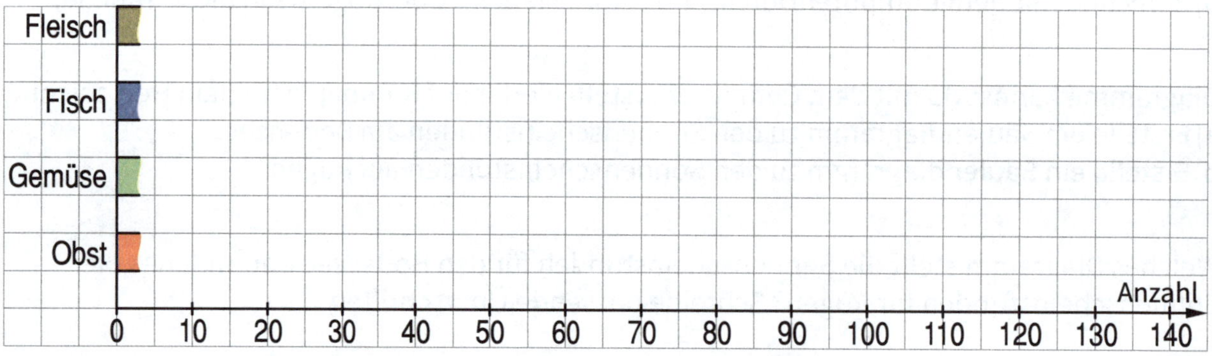

c) Welche Diagramme stellen das Ergebnis der Umfrage richtig dar? Kreuze an.

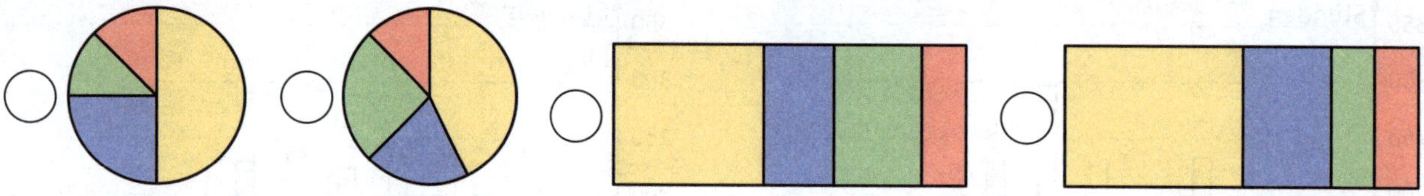

d) Wahr oder falsch? Kreuze an.

		wahr	falsch
a)	Die meisten Jugendlichen nannten Fisch als Lieblingsessen.		
b)	Gemüse wurde genau doppelt so oft genannt wie Obst.		
c)	Mehr als die Hälfte der Befragten nannten Fleisch oder Fisch.		

4 Wahrscheinlichkeitsrechnung

Relative und absolute Häufigkeiten

1 Das Glücksrad wurde 100-mal gedreht. Zu den Ergebnissen wurde eine Strichliste erstellt.

rot	gelb	blau	grün
卌 卌 卌 卌 |||	卌 卌 卌	卌 卌 卌 卌 卌 卌 卌	卌 卌 卌 卌 卌 ||

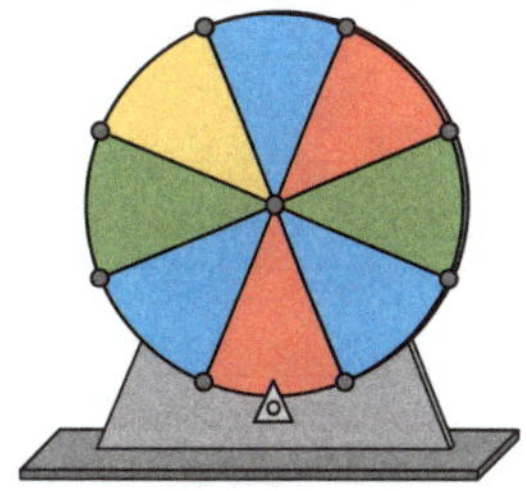

a) Entnimm der Strichliste die absoluten Häufigkeiten und trage sie in die Tabelle ein.

Ergebnis	rot	gelb	blau	grün
absolute Häufigkeit	23			
relative Häufigkeit	0,23			

b) Die relative Häufigkeit für „rot“ ist $\frac{23}{100} = 0{,}23$. Trage auch für die übrigen Ergebnisse die relativen Häufigkeiten als Dezimalbruch in die Tabelle ein.

2 Jedes Glücksrad wurde 100-mal gedreht.

a) Lies die absoluten Häufigkeiten für das Glücksrad A im Balkendiagramm ab und trage sie in die Tabelle ein.

b) Stelle die absoluten Häufigkeiten für das Glücksrad B im Balkendiagramm dar.

c) Trage in die Tabellen die relativen Häufigkeiten der Ergebnisse ein.

Glücksrad A

Glücksrad B

Ergebnis	rot	gelb	blau
absolute Häufigkeit			
relative Häufigkeit			

Ergebnis	rot	gelb	blau
absolute Häufigkeit	27	35	38
relative Häufigkeit			

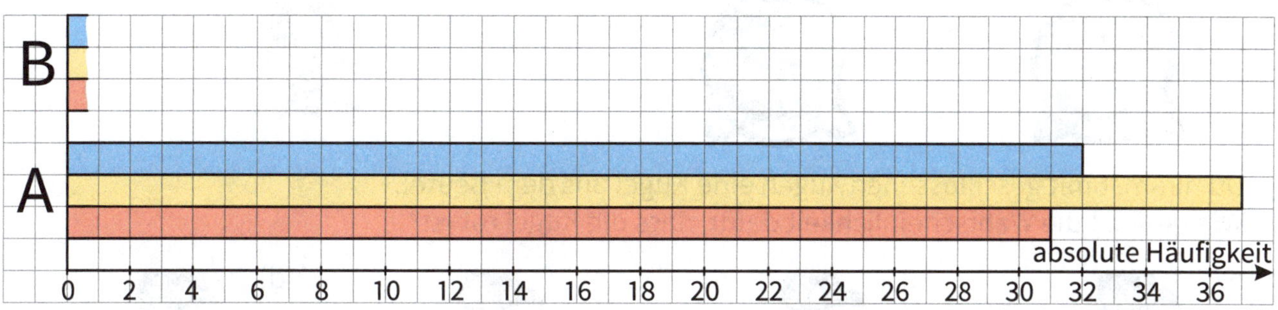

d) „Rot gewinnt!“ Für welches Glücksrad entscheidest du dich? Begründe.

A: ______________________________

Wahrscheinlichkeit von Ergebnissen bestimmen

1 Elif zieht mit geschlossenen Augen eine Kugel aus dem Beutel.
Ist das Ereignis sicher, möglich oder unmöglich?
Kreuze an.

	Die gezogene Kugel ist …	sicher	möglich	unmöglich
a)	… rot.			
b)	… blau mit einer 4.			
c)	… gelb mit einer 1.			
d)	… rot mit einer Zahl größer als 3.			
e)	… blau mit einer Zahl größer als 1.			
f)	… rot oder gelb oder blau mit einer Zahl kleiner als 7.			

2 Du darfst einen Beutel wählen und dann mit geschlossenen Augen eine Kugel ziehen.
Du gewinnst, wenn die gezogene Kugel blau mit einer 1 ist. Welchen Beutel wählst du?
Kreuze an.

A 

○

B 

○

C 

○

D 

○

3 Wie groß ist die Wahrscheinlichkeit für eine blaue Kugel? Trage ein.

a)  ___

b)  ___

c)  ___

d)  ___

4 Du nimmst mit geschlossenen Augen eine Kugel aus dem Beutel.
Wie groß ist die Wahrscheinlichkeit dafür, dass die Kugel rot ist?

a)  ___

b)  ___

c)  ___

d)  ___

Wahrscheinlichkeit von Ereignissen

Sind bei einem Zufallsexperiment alle Ergebnisse gleich wahrscheinlich, so beträgt die Wahrscheinlichkeit für jedes Ereignis E:

$$P(E) = \frac{\text{Anzahl der günstigen Ergebnisse}}{\text{Anzahl aller Ergebnisse}}$$

1 Laura würfelt einmal mit einem Spielwürfel. Ergänze die fehlenden Angaben in der Tabelle.

	Ereignis	Günstige Ergebnisse	Wahrscheinlichkeit
a)	Es wird eine 1 oder eine 5 gewürfelt.	1; 5	$\frac{2}{6}$
b)	Es wird eine 3 gewürfelt.		
c)	Es wird eine gerade Zahl gewürfelt.		
d)	Es wird eine Zahl größer als 2 gewürfelt.		
e)	Es wird eine Zahl größer als 0 gewürfelt.		

2 Aus verschiedenen Beuteln wird eine Kugel gezogen. Ergänze die Wahrscheinlichkeiten in der Tabelle.

a)	Die gezogene Kugel ist gelb.	$\frac{2}{5}$		
b)	Die gezogene Kugel ist blau.			
c)	Die gezogene Kugel ist rot.			
d)	Die gezogene Kugel ist blau oder rot.			
e)	Die gezogene Kugel ist rot oder gelb.			
f)	Die gezogene Kugel ist nicht rot.			

3 Jedes Glücksrad ist in gleich große Felder eingeteilt. Die Felder sollen rot oder blau gefärbt werden. Die Wahrscheinlichkeit für *rot* ist jeweils angegeben.

a) Färbe entsprechend. Ergänze die Wahrscheinlichkeit für *blau*.

$P(\text{rot}) = \frac{3}{5}$

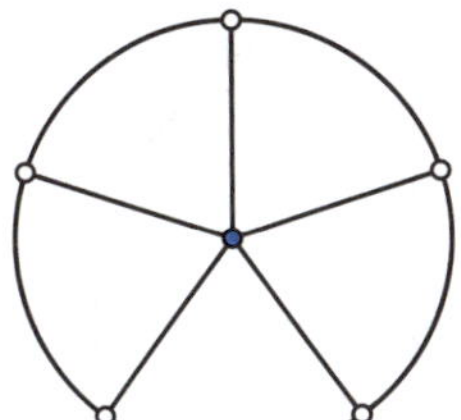

P(blau) =

$P(\text{rot}) = \frac{1}{4}$

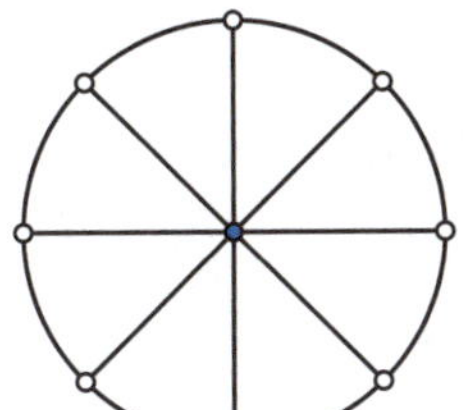

P(blau) =

$P(\text{rot}) = \frac{1}{2}$

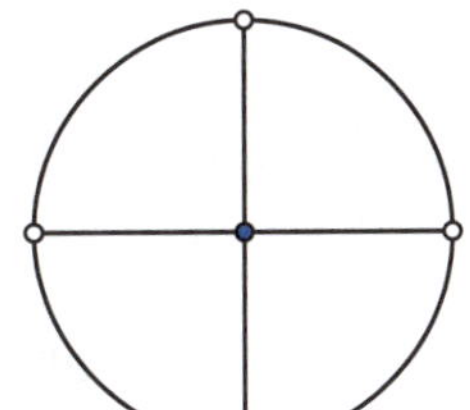

P(blau) =

$P(\text{rot}) = \frac{2}{3}$

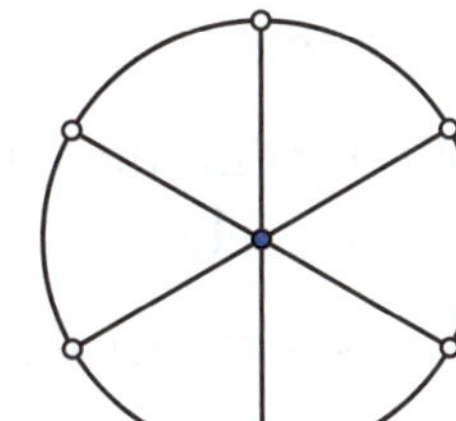

P(blau) =

b) Nur bei einem Glücksrad ist die Wahscheinlichkeit für *blau* größer als 50 %. Kreuze an.

Wahrscheinlichkeit von Ereignissen

Alle Felder des Glücksrades sind gleich groß.
Elif dreht das Glücksrad.
Dann bleibt das Glücksrad stehen und der Zeiger zeigt auf ein Feld.

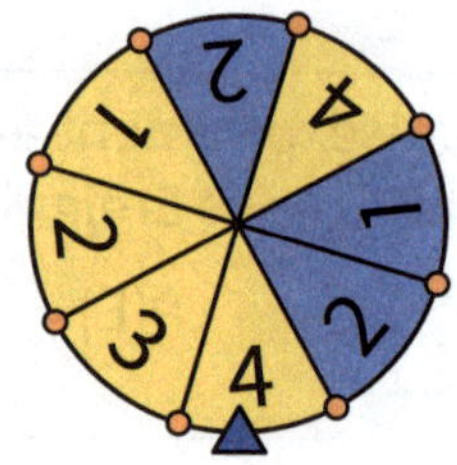

1 Ist die Aussage wahr oder falsch? Kreuze an.

		wahr	falsch
a)	Mit der Wahrscheinlichkeit $\frac{1}{8}$ zeigt der Zeiger auf ein blaues Feld.		
b)	Die Wahrscheinlichkeit, dass eine 4 auf dem Feld steht, ist 25 %.		
c)	Mit der Wahrscheinlichkeit $\frac{1}{2}$ zeigt der Zeiger auf eine gerade Zahl.		
d)	Mit der Wahrscheinlichkeit $\frac{3}{8}$ zeigt der Zeiger auf eine ungerade Zahl.		

2 Trage die Wahrscheinlichkeiten der Ereignisse in die Tabelle ein.

	Ereignis	Wahrscheinlichkeit
a)	Der Zeiger zeigt auf ein gelbes Feld.	
b)	Der Zeiger zeigt auf eine 1.	
c)	Der Zeiger zeigt auf eine 4.	
d)	Der Zeiger zeigt auf eine ungerade Zahl.	
e)	Die Zahl, auf die der Zeiger zeigt, ist kleiner als 3.	
f)	Der Zeiger zeigt auf ein blaues Feld oder auf eine 3.	
g)	Der Zeiger zeigt auf ein gelbes Feld oder auf eine gerade Zahl.	

3 Nachdem Lotta das Glücksrad gedreht hat, zeigt der Zeiger auf ein Feld mit einer 4.
Nun dreht Felix das Glücksrad.
Wie groß ist die Wahrscheinlichkeit, dass der Zeiger wieder auf ein Feld mit einer 4 zeigt?
Kreuze an.

◯ größer als $\frac{1}{4}$ ◯ $\frac{1}{4}$ ◯ kleiner als $\frac{1}{4}$

4 Tom hat die Felder dieses Glücksrades blau oder gelb gefärbt und darauf je eine der Zahlen 1, 2, 3 und 4 geschrieben.
Tom sagt:

– Mit der Wahrscheinlichkeit $\frac{1}{2}$ zeigt der Zeiger auf ein blaues Feld.

– Die Wahrscheinlichkeit, dass das Feld gelb ist und 1 darauf steht, ist $\frac{1}{4}$.

– Die Wahrscheinlichkeit, dass das Feld blau ist und 4 darauf steht, ist 0.

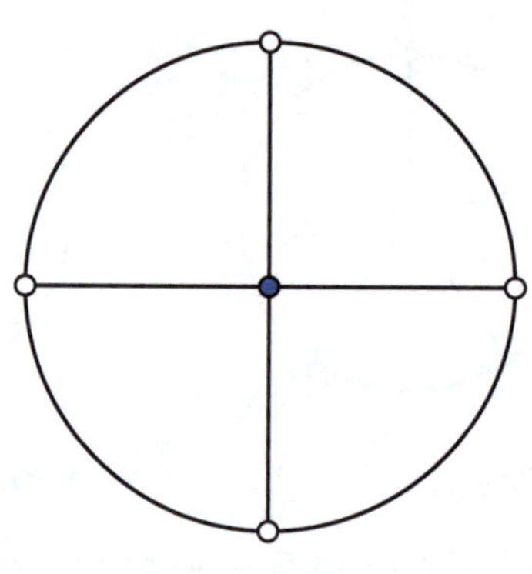

Färbe und beschrifte die Felder des Glücksrades entsprechend.

Wahrscheinlichkeiten bestimmen

Die Rückseiten dieser Karten sind gleich. Die Karten werden verdeckt auf den Tisch gelegt. Eine Karte wird umgedreht.

1 Ist die Aussage über die umgedrehte Karte wahr oder falsch? Kreuze an.

		wahr	falsch
a)	Die Wahrscheinlichkeit, dass 3 auf der Karte steht, ist $\frac{1}{10}$.		
b)	Die Wahrscheinlichkeit, dass 4 auf der Karte steht, ist 30 %.		
c)	Mit der Wahrscheinlichkeit $\frac{1}{2}$ ist die Zahl auf der Karte gerade.		

2 Trage die Wahrscheinlichkeiten der Ereignisse in die Tabelle ein.

	Ereignis	Wahrscheinlichkeit
a)	Die umgedrehte Karte ist gelb.	
b)	Die Zahl auf der umgedrehten Karte ist 1.	
c)	Die Zahl auf der umgedrehten Karte ist 2.	
d)	Die Zahl auf der umgedrehten Karte ist ungerade.	
e)	Die umgedrehte Karte ist gelb und die Zahl ist kleiner als 3.	
f)	Die umgedrehte Karte ist gelb oder die Zahl ist kleiner als 3.	

3 Als erste Karte wird die gelbe Karte mit der 3 umgedreht und weggelegt. Wie groß ist die Wahrscheinlichkeit, dass als zweite Karte eine blaue Karte mit einer 4 umgedreht wird?

A: ______________________________

4 Lea hat diese Karten gelb oder blau gefärbt und darauf je eine der Zahlen 1, 2, 3 und 4 geschrieben. Nun liegen die Karten verdeckt auf dem Tisch.

Eine Karte wird ausgewählt. Lea sagt:
- Die Wahrscheinlichkeit, dass die Karte gelb ist, ist $\frac{1}{2}$.
- Die Wahrscheinlichkeit, dass die Karte blau ist und 4 darauf steht, ist $\frac{1}{4}$.
- Die Wahrscheinlichkeit, dass die Karte gelb ist und 2 darauf steht, ist 0.

Wie hat Lea die Karten gefärbt und beschriftet? Färbe und beschrifte entsprechend.

Vermischte Übungen

1 Aus den Beuteln wird eine Kugel gezogen.
Ergänze die Wahrscheinlichkeiten in der Tabelle.

a)	Die gezogene Kugel ist blau.			
b)	Die gezogene Kugel ist rot.			
c)	Die gezogene Kugel ist nicht gelb.			
d)	Die gezogene Kugel ist rot oder gelb.			

2 Kübra würfelt einmal mit einem Spielwürfel. Ergänze die fehlenden Angaben in der Tabelle.

	Ereignis	Günstige Ergebnisse	Wahrscheinlichkeit
a)	Es wird eine 2 oder eine 3 gewürfelt	2; 3	
b)	Es wird eine ungerade Zahl gewürfelt.		
c)	Es wird eine 1 oder eine 6 gewürfelt.		
d)	Es wird eine Zahl kleiner als 4 gewürfelt.		
e)	Es wird eine Zahl kleiner als 8 gewürfelt.		

3 Der Spieler mit der roten Figur ist an der Reihe. Er würfelt einmal mit einem Spielwürfel und bewegt seine Figur um die entsprechende Anzahl an Feldern.
Wie groß ist die Wahrscheinlichkeit, dass er eine gelbe Figur erreicht?

a) 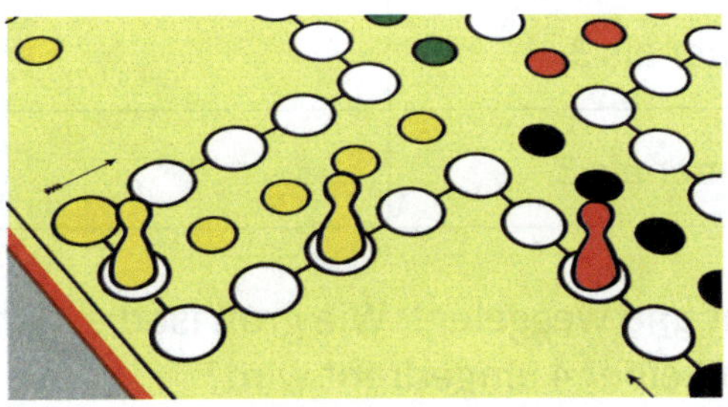

Günstige Ergebnisse: ____________

Wahrscheinlichkeit: —

b) 

Günstige Ergebnisse: ____________

Wahrscheinlichkeit: —

4 In dem Beutel sollen nur blaue und rote Kugeln sein. Die Wahrscheinlichkeit für eine rote Kugel ist angegeben. Färbe die Kugeln entsprechend.

a)  —

$\frac{3}{4}$

b)  —

$\frac{1}{5}$

c)  —

$\frac{5}{6}$

d)  —

$\frac{4}{8}$

5 Der Satz des Pythagoras

Bezeichnungen im rechtwinkligen Dreieck

1 Die Dreiecke sind rechtwinklig. Markiere in jedem Dreieck die längste Seite rot und den rechten Winkel grün.

a) 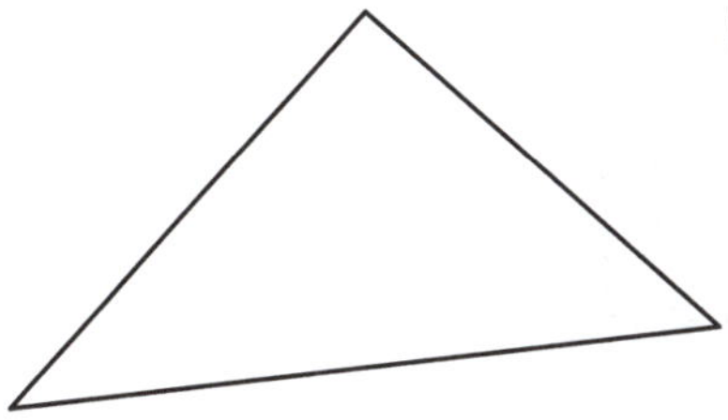

b) 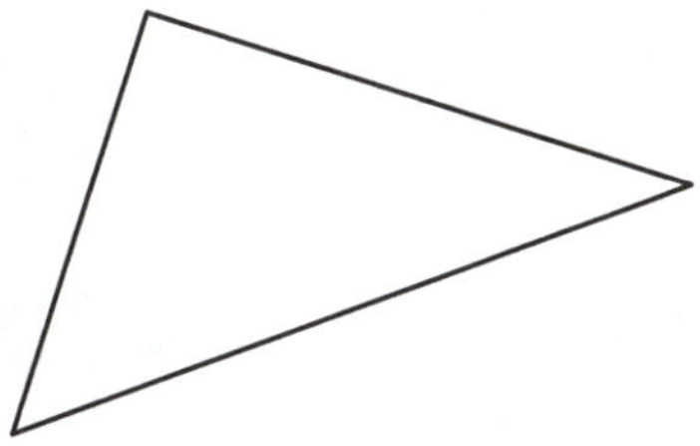

c) 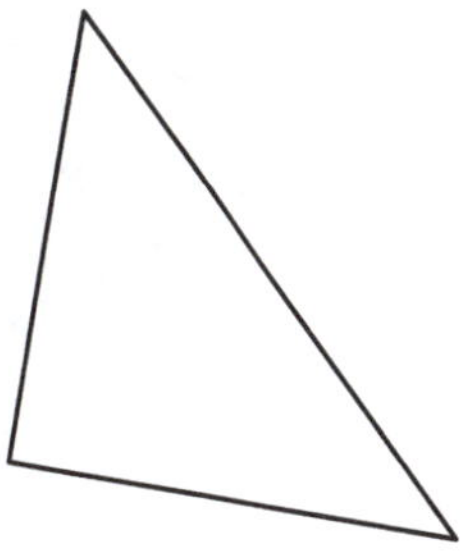

In jedem rechtwinkligen Dreieck liegt die längste Seite dem rechten Winkel gegenüber.
Sie heißt Hypotenuse.

Die Katheten schließen den rechten Winkel ein.

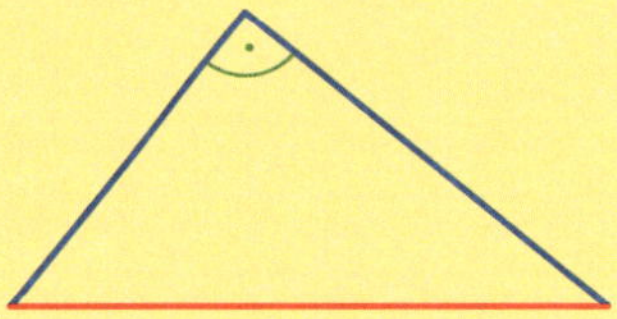

2 Markiere in jedem Dreieck den rechten Winkel grün, die Hypotenuse rot und die beiden Katheten blau.

a) 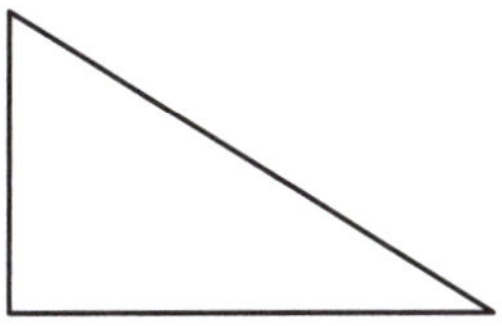

b) 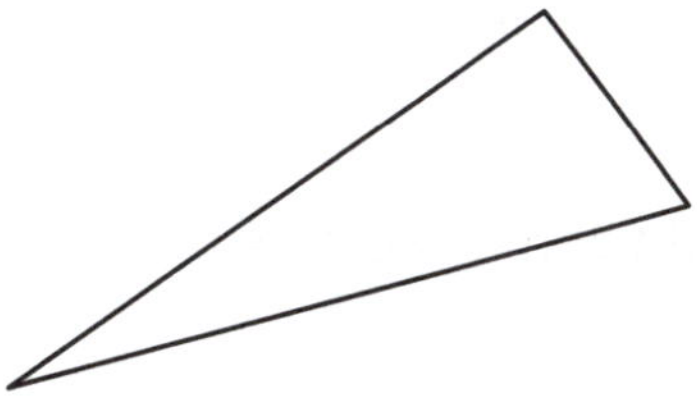

c) 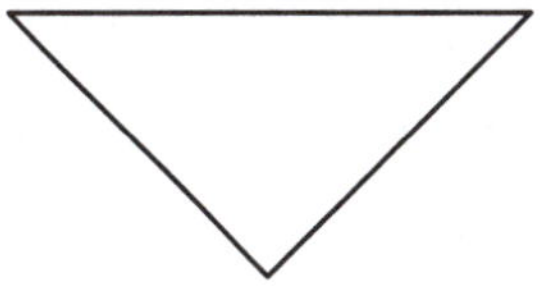

3 Benenne in jedem Dreieck die Hypotenuse und die beiden Katheten.

a) 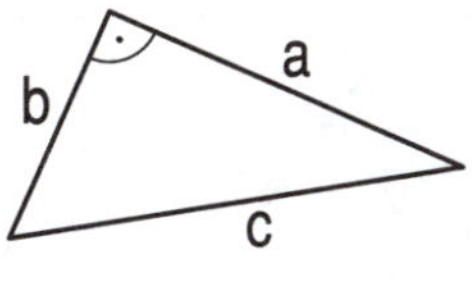

Hypotenuse: ________

Katheten: ______, ______

b) 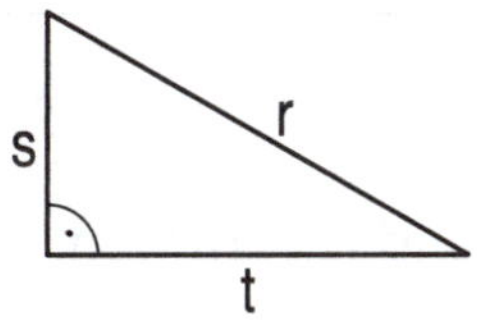

Hypotenuse: ________

Katheten: ______, ______

c) 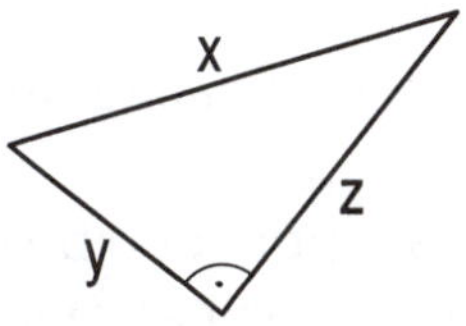

Hypotenuse: ________

Katheten: ______, ______

d) 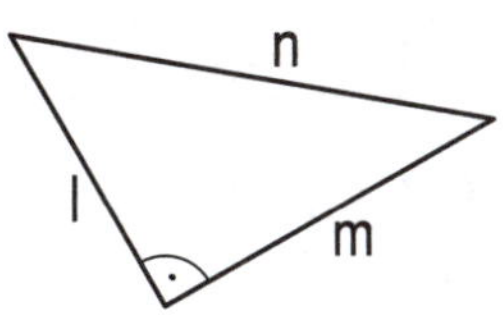

Hypotenuse: ________

Katheten: ______, ______

e) 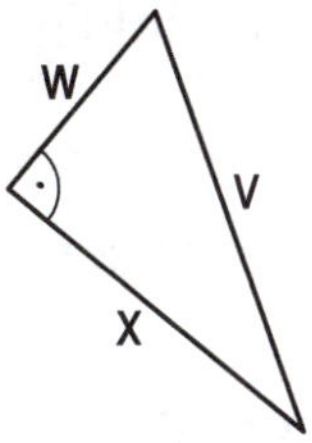

Hypotenuse: ________

Katheten: ______, ______

f) 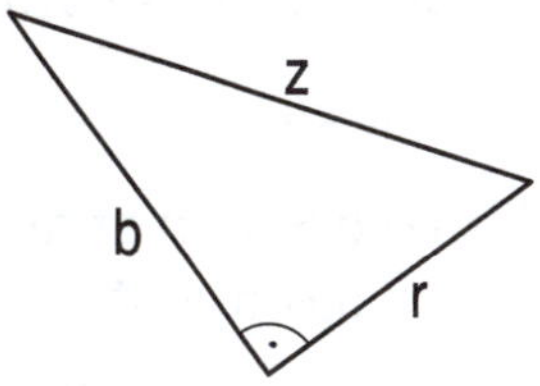

Hypotenuse: ________

Katheten: ______, ______

Der Satz des Pythagoras

1 Über den drei Seiten des rechtwinkligen Dreiecks sind Quadrate gezeichnet.

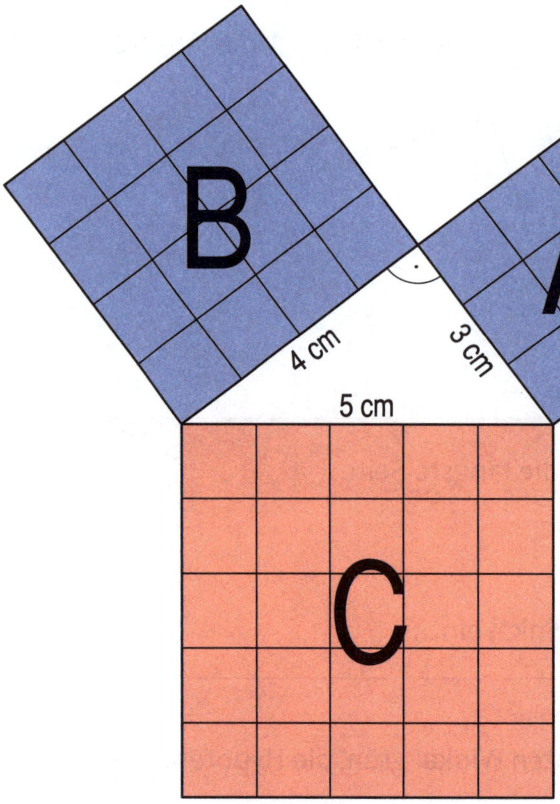

a) Gib für jedes Quadrat den Flächeninhalt an.

Quadrat A: ______________ Quadrat B: ______________ Quadrat C: ______________

b) Wie groß sind die Flächeninhalte von Quadrat A und Quadrat B zusammen?

A und B zusammen: __________ + __________ = __________

Vergleiche mit dem Flächeninhalt von Quadrat C. Was stellst du fest?

A: ____

Für jedes rechtwinklige Dreieck gilt:

Die Quadrate über den beiden Katheten sind zusammen so groß wie das Quadrat über der Hypotenuse.

Satz des Pythagoras: $a^2 + b^2 = c^2$

Beachte: Der Satz des Pythagoras gilt nur für rechtwinklige Dreiecke.

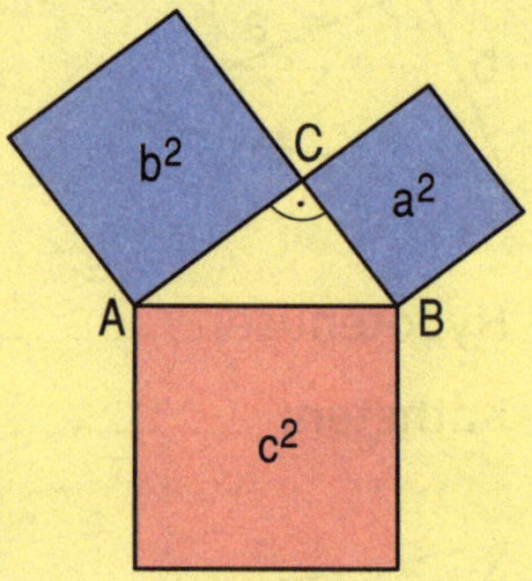

2 Hier heißen die Seiten anders. Schreibe für jedes Dreieck die Gleichung auf, die nach dem Satz des Pythagoras gilt.

a) 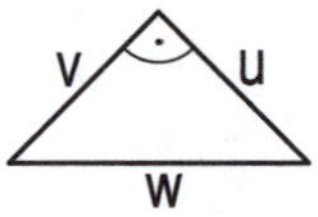

b) 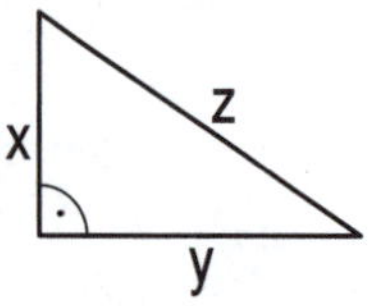

c) 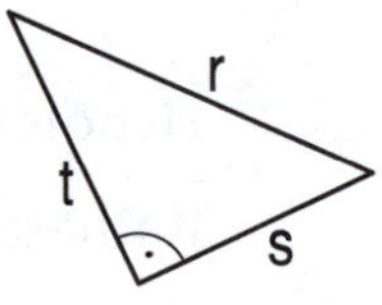

d) 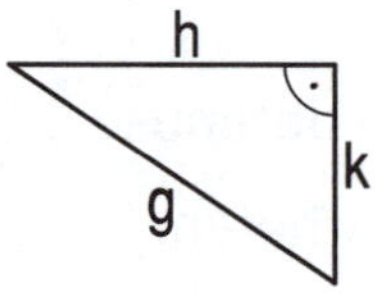

$u^2 +$ __________   __________   __________   __________

Berechnung der Hypotenuse in einem rechtwinkligen Dreieck

1 In einem rechtwinkligen Dreieck sind die beiden Katheten a und b gegeben. Berechne die Länge der Hypotenuse c mit dem Satz des Pythagoras $a^2 + b^2 = c^2$.

a)

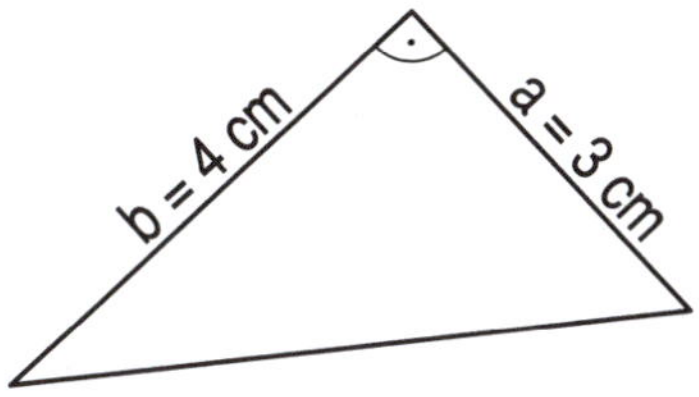

c = ______ cm

$a^2 + b^2 = c^2$

$c^2 = a^2 + b^2$

c^2 berechnen: $c^2 = (3\,\text{cm})^2 + (4\,\text{cm})^2$

$c^2 = 9\,\text{cm}^2 + 16\,\text{cm}^2$

$c^2 = 25\,\text{cm}^2$

Wurzel ziehen: $c = \sqrt{25\,\text{cm}^2}$

c = ______ cm

b)

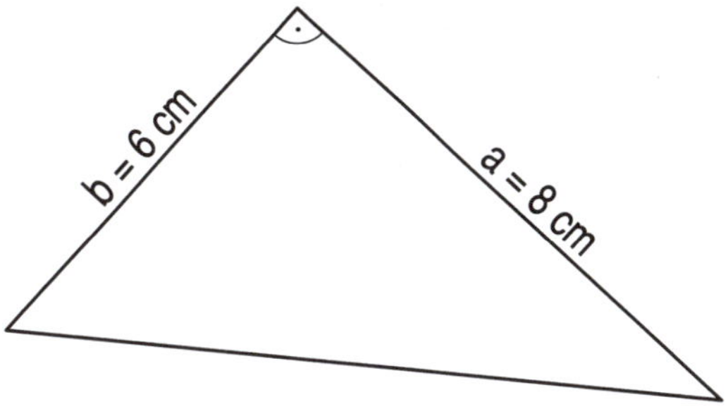

c = ______ cm

$a^2 + b^2 = c^2$

$c^2 =$ ______

$c^2 =$ ______ + ______

$c^2 =$ ______ + ______

$c^2 =$ ______

c = ______

c = ______ cm

2 Berechne die Hypotenuse c im rechtwinkligen Dreieck. Rechne mit dem Taschenrechner.

a) a = 5 cm, b = 12 cm

______

______

$c^2 =$ ______

$c^2 =$ ______

$c^2 =$ ______

c = ______

c = ______ cm

b) a = 1,6 cm, b = 1,2 cm

______

______

______

______

$c^2 =$ ______

c = ______

c = ______ cm

3 Wie lang ist die Auffahrt der Laderampe? Rechne mit dem Taschenrechner.

A: ______

Berechnung einer Kathete in einem rechtwinkligen Dreieck

1 In einem rechtwinkligen Dreieck sind eine Kathete und die Hypotenuse c gegeben. Berechne die Länge der anderen Kathete mit dem Satz des Pythagoras $a^2 + b^2 = c^2$. Rechne mit dem Taschenrechner.

a)

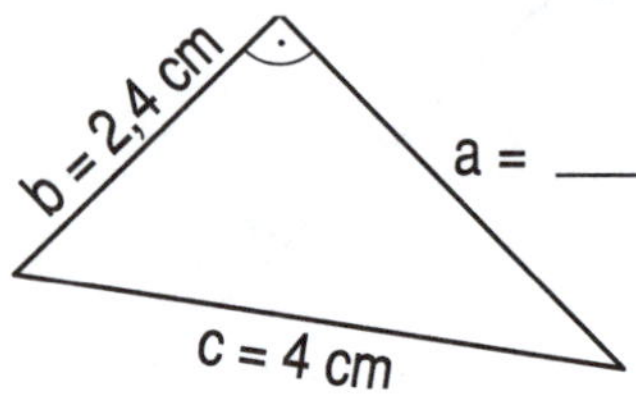

$a^2 + b^2 = c^2$

a^2 berechnen: $a^2 + (2{,}4\,cm)^2 = (4\,cm)^2$

$a^2 + 5{,}76\,cm^2 = 16\,cm^2 \quad | - 5{,}76\,cm^2$

$a^2 = (16 - 5{,}76)\,cm^2$

$a^2 = 10{,}24\,cm^2$

Wurzel ziehen: $a = \sqrt{10{,}24\,cm^2}$

a = ______ cm

b)

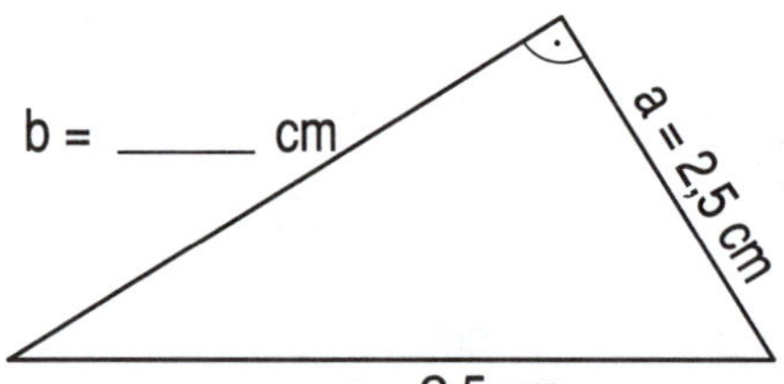

$a^2 + b^2 = c^2$

______ + b^2 = ______

______ + b^2 = ______ | − ______

b^2 = ______ − ______

b^2 = ______

b = ______

b = ______ cm

2 Die Hypotenuse c und eine Kathete eines rechtwinkligen Dreiecks sind gegeben. Berechne die fehlende Kathete. Rechne mit dem Taschenrechner.

a) b = 4 cm, c = 5,8 cm

______

______

a^2 + ______

______ | − ______

a^2 = ______

a = ______

a = ______ cm

b) a = 4,8 cm, c = 5,2 cm

______

______

______

______

b^2 = ______

b = ______

b = ______ cm

3 Wie hoch ist der Giebel? Rechne mit dem Taschenrechner.

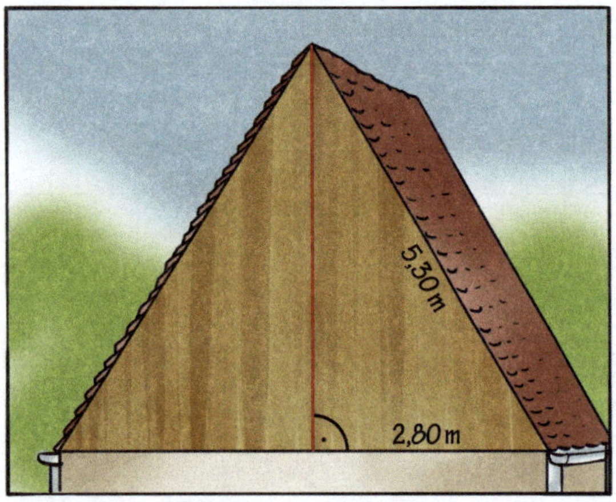

A: ______

Berechnung von Hypotenuse und Katheten in einem rechtwinkligen Dreieck

1 Berechne die fehlende Seite im rechtwinkligen Dreieck. Runde dein Ergebnis auf zwei Stellen nach dem Komma.

a)

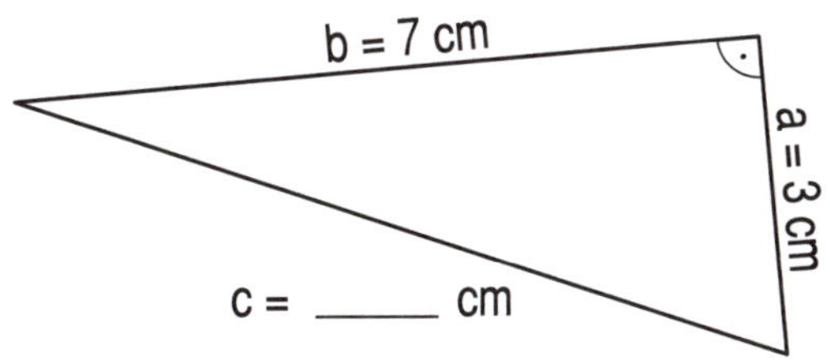

b)

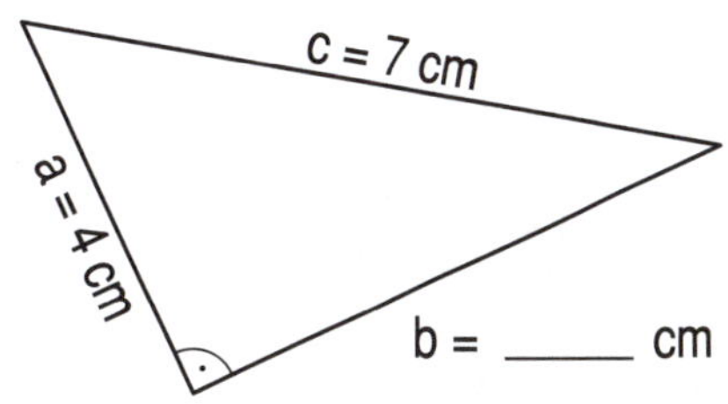

2 Die Diagonale zerlegt das Rechteck in zwei rechtwinklige Dreiecke. Berechne die Länge der Diagonalen mit dem Satz des Pythagoras $a^2 + b^2 = c^2$.

a)

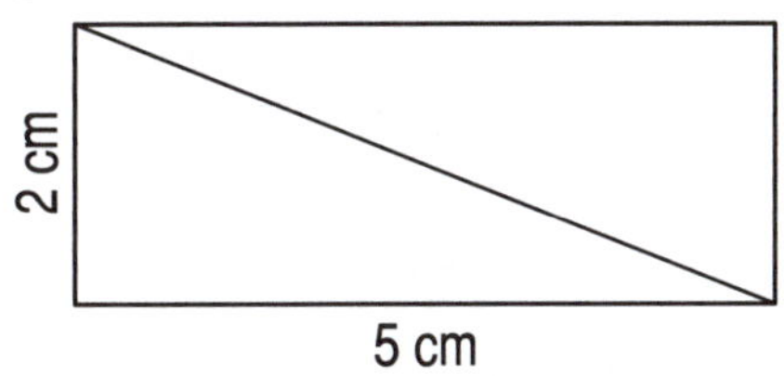

Länge der Diagonalen: ______ cm

b)

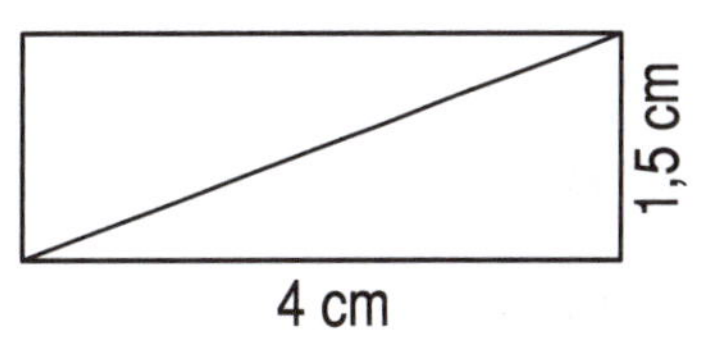

Länge der Diagonalen: ______ cm

3 Berechne die fehlende Seitenlänge des Rechtecks.

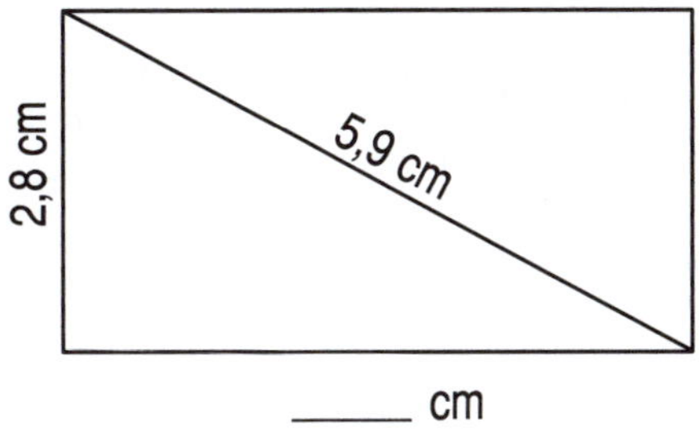

Sachaufgaben

1 Ein Baum ist bei einem Sturm in 9 m Höhe abgeknickt. Seine Spitze berührt den Boden 6 m vom Stamm entfernt. Wie lang ist die abgeknickte Spitze? Runde.

Skizze:

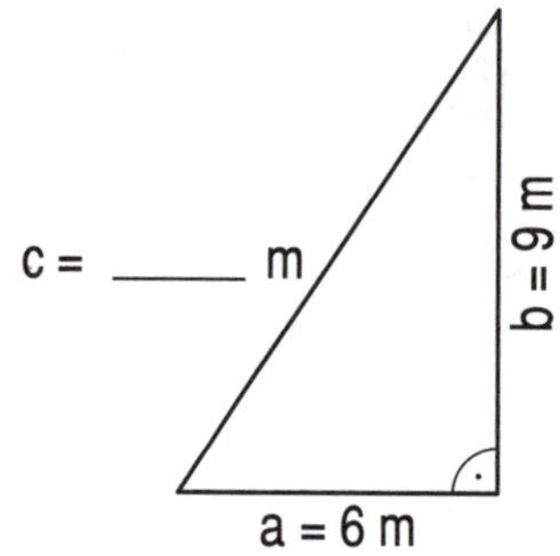

$a^2 + b^2 = c^2$

$c^2 = a^2 + b^2$

$c^2 = \_\_\_^2 + \_\_\_^2$

$c^2 = \_\_\_$

$c^2 = \_\_\_$

$c = \sqrt{\_\_\_}$

$c = \_\_\_$ m

A: ______________________________

2 Eine Leiter ist 6 m lang. Sie steht 2 m von der Wand entfernt auf dem Boden. In welcher Höhe berührt sie die Wand?

Skizze:

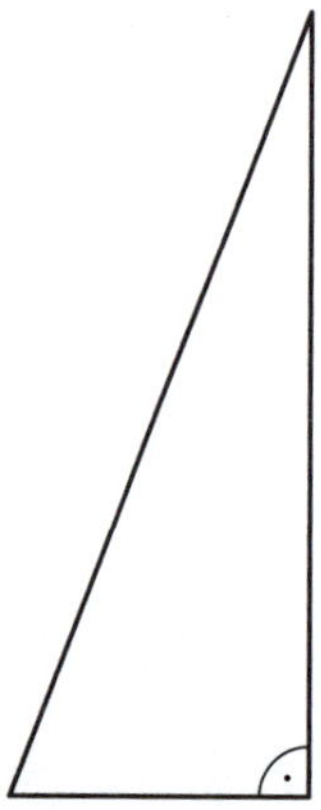

$a^2 + b^2 = c^2$

$a^2 + (2\,m)^2 = (6\,m)^2$

$a^2 + \_\_\_ = \_\_\_ \quad | - \_\_\_$

$a^2 = \_\_\_ - \_\_\_$

$a^2 = \_\_\_$

$a = \sqrt{\_\_\_}$

$a = \_\_\_$ m

A: ______________________________

3 Über die Treppe soll eine Rampe gelegt werden. Wie lang muss die Rampe sein?

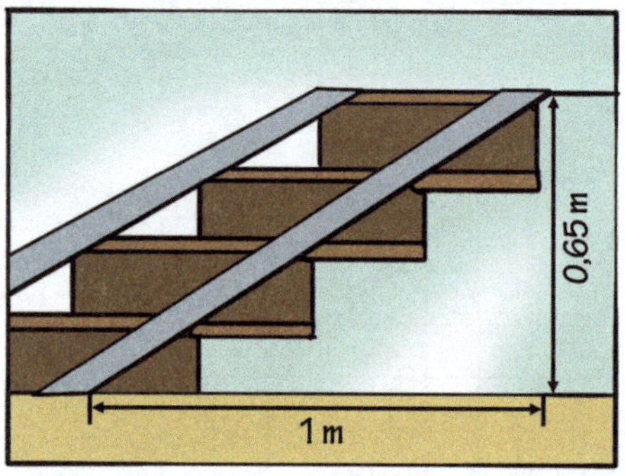

Skizze:

A: ______________________________

____

Sachaufgaben

1 Hakan und Tina laufen quer über den Sportplatz. Wie lang ist ihr Weg?

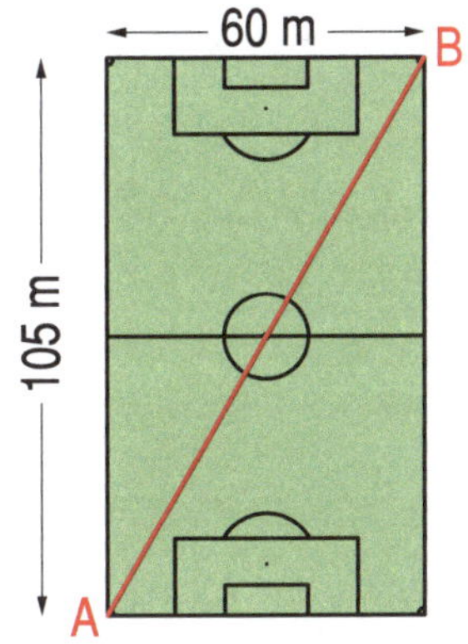

Skizze:

A: ______

2 Der Bildschirm ist 39 cm hoch. Die Diagonale ist 78 cm lang. Wie breit ist der Bildschirm?

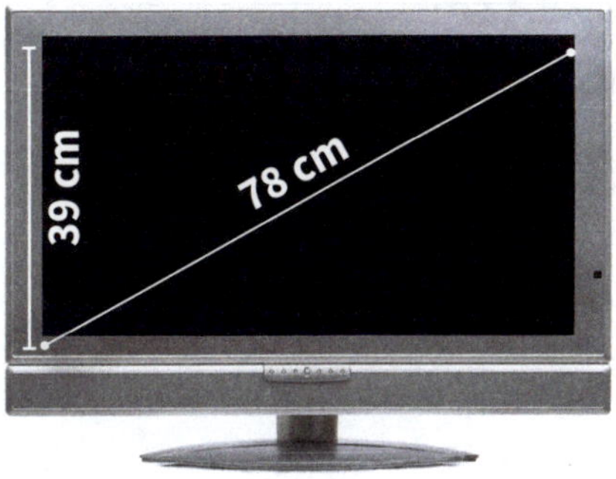

Skizze:

A: ______

3 Ein Funkmast wird in 46 m Höhe von Spannseilen gehalten. Die Seile sind 10 m vom Fuß des Mastes am Boden befestigt. Wie lang sind die Seile?

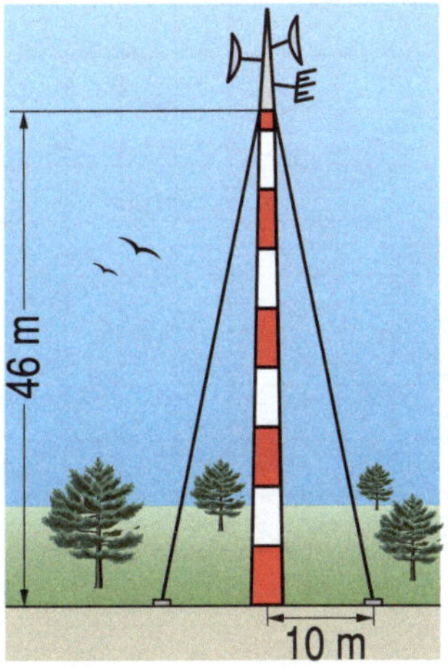

Skizze:

A: ______

Vermischte Übungen

1 In einem rechtwinkligen Dreieck sind die Katheten a und b gegeben. Berechne die Länge der Hypotenuse c. Rechne mit dem Taschenrechner. Runde.

a) $a = 6\text{ cm}, b = 10\text{ cm}$

$c^2 =$ ______

$c^2 =$ ______

$c = \sqrt{}$ ______

$c =$ ______ cm

b) $a = 5{,}4\text{ cm}, b = 2{,}8\text{ cm}$

______ cm

2 In einem rechtwinkligen Dreieck sind eine Kathete und die Hypotenuse c gegeben. Berechne die fehlende Kathete. Rechne mit dem Taschenrechner. Runde.

a) $b = 3{,}5\text{ cm}, c = 4{,}7\text{ cm}$

$a^2 +$ ______ |−

$a^2 =$ ______

$a = \sqrt{}$ ______

$a =$ ______ cm

b) $a = 7{,}2\text{ cm}, c = 8{,}4\text{ cm}$

$a =$ ______ cm

3 Um die rechteckige Wiese verläuft ein Fußweg. Viele Fußgänger gehen aber auf dem Trampelpfad quer über die Wiese. Wie lang ist der Trampelpfad?

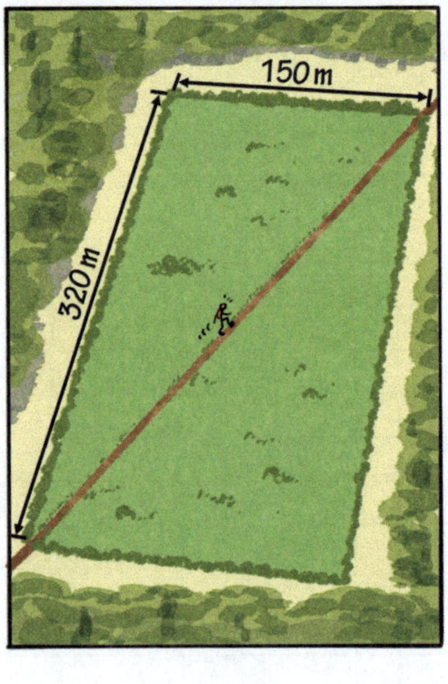

Skizze:

A: ______

6 Prismen und Zylinder

Körper erkennen

1 Welche Körper sind abgebildet? Notiere.

Kugel	Quader	Zylinder	Pyramide	Kegel

a) 

____

b) 

____

c) 

____

d) 

____

e) 

____

f) 

____

2 Welcher Körper passt zur Beschreibung? Schreibe auf.

a) Der Körper hat keine Ecken und Kanten.

____

b) Der Körper hat 2 dreieckige und 3 viereckige Flächen.

____

c) Der Körper hat 2 Kanten und 3 Flächen.

____

3 Wie viele Flächen hat der Körper? Trage ein.

a) 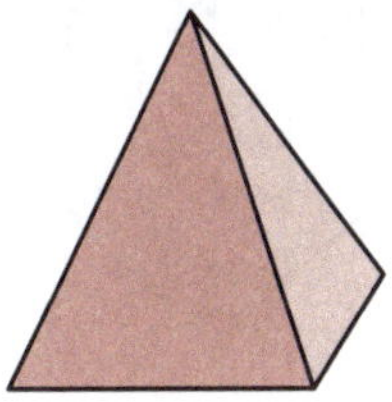

____ Flächen

b) 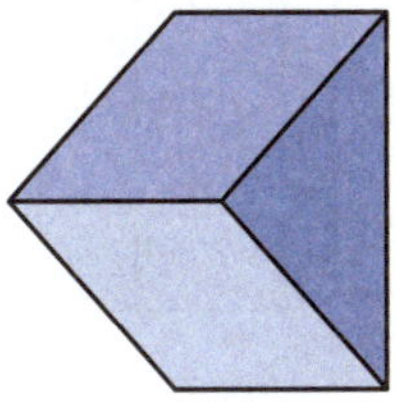

____ Flächen

c) 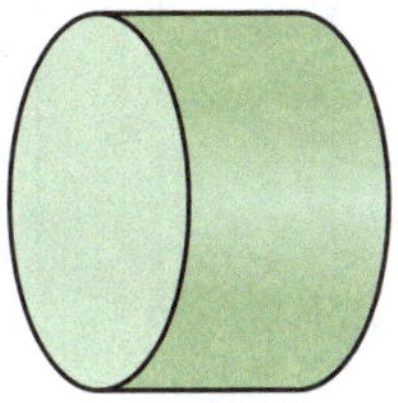

____ Flächen

d) 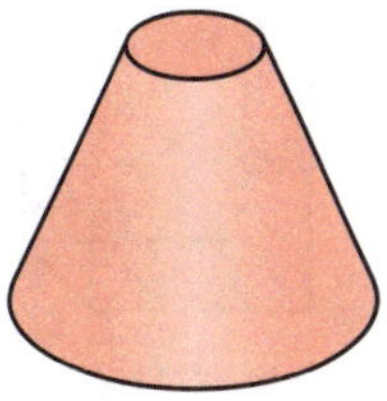

____ Flächen

e) 

____ Flächen

Körper beschreiben

1 Trage für jeden Körper den Namen und die Anzahl seiner Flächen, Ecken und Kanten ein.

	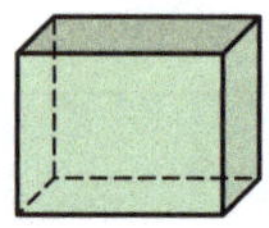	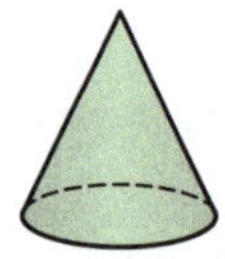	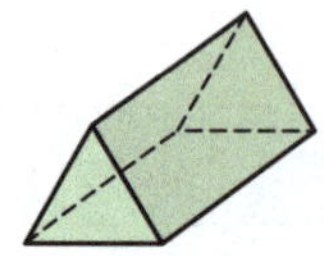	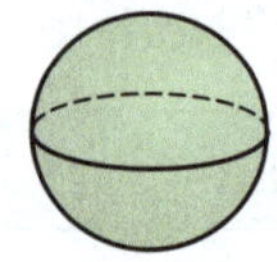	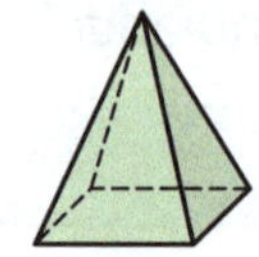	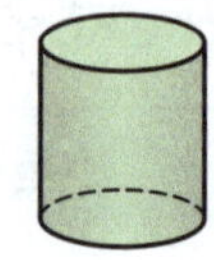
Name						
Flächen						
Ecken						
Kanten						

2 Welche Körper sind Prismen? Kreuze an.

a) 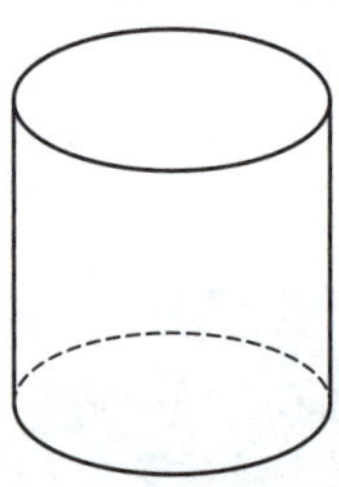 ◯

b) 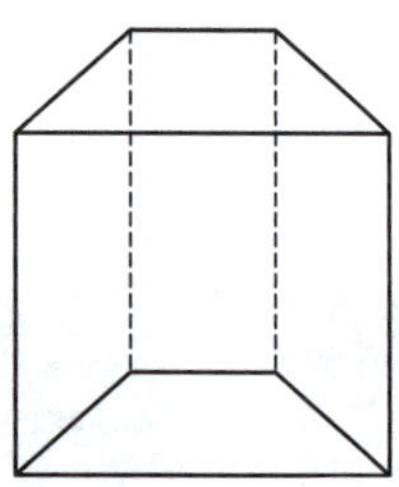 ◯

c) 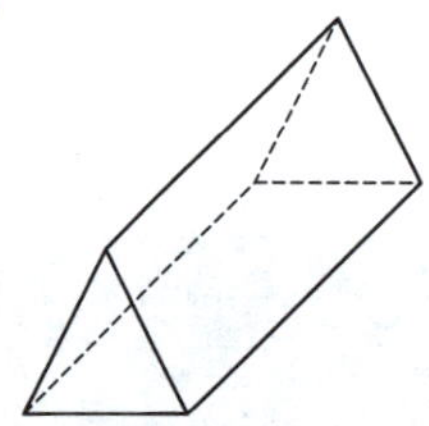 ◯

d) 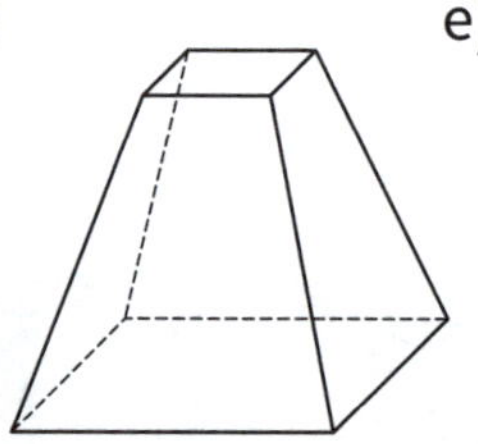 ◯

e) 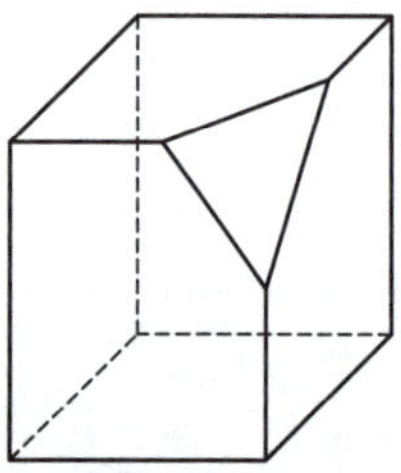 ◯

3 Kreuze die richtigen Aussagen an.

◯ Bei jedem Prisma sind die gegenüberliegenden Flächen gleich groß.
◯ Jedes Prisma hat eine dreieckige Grundfläche.
◯ Die Grundflächen eines Prismas sind deckungsgleich.
◯ Der Quader ist ein Prisma.
◯ Ein Prisma hat mindestens 6 Flächen.
◯ Die Pyramide ist ein Zylinder.
◯ Die Pyramide ist ein Prisma.
◯ Die Grundfläche eines Prismas kann quadratisch sein.

4 Wie viele Flächen und wie viele Kanten hat der Körper? Trage ein.

a) 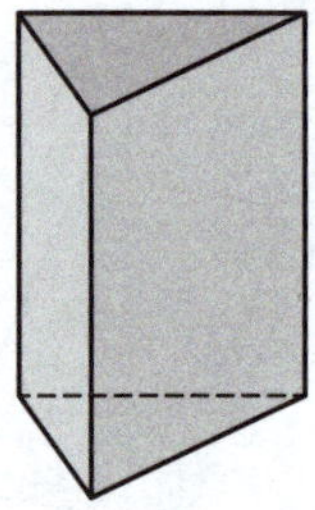

_____ Flächen
_____ Kanten

b) 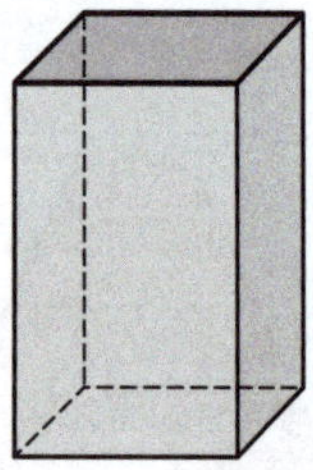

_____ Flächen
_____ Kanten

c) 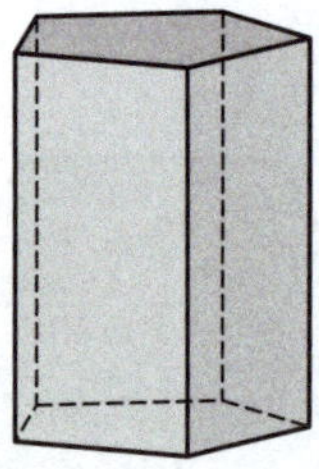

_____ Flächen
_____ Kanten

d) 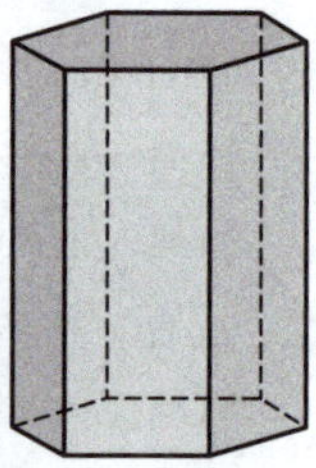

_____ Flächen
_____ Kanten

e) 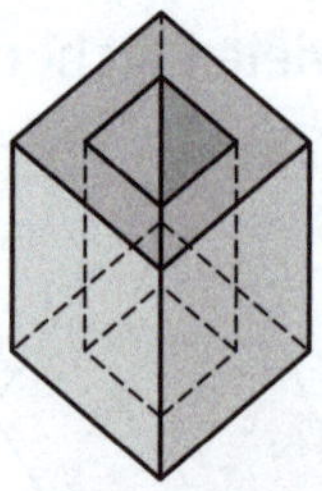

_____ Flächen
_____ Kanten

Schrägbilder und Netze von Prismen

1 Vervollständige das Schrägbild des Prismas.

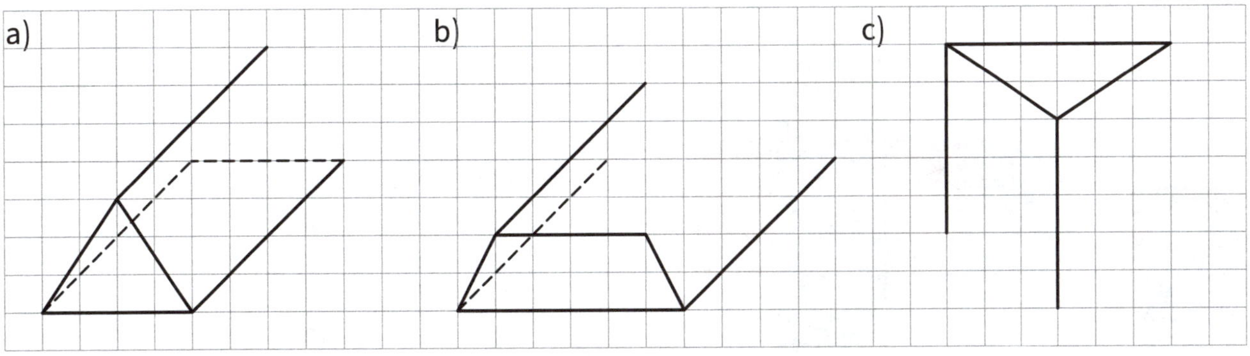

2 Vervollständige das Netz des Prismas.

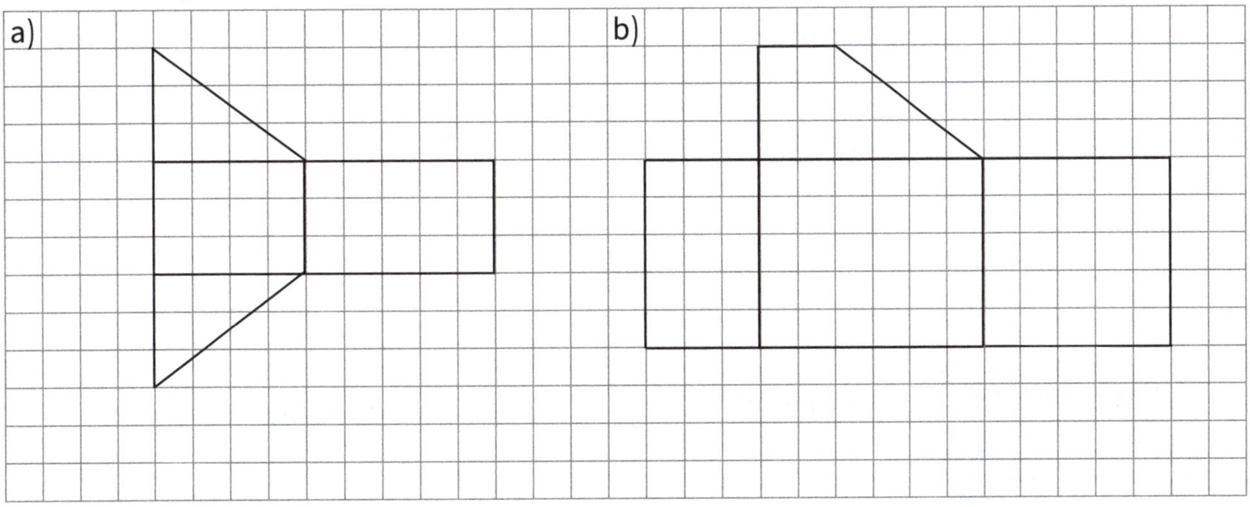

3 a) Ordne dem Schrägbild das passende Netz zu.

Schrägbild	①	②	③	④
Netz				

b) Färbe in jedem Netz Grundfläche und Deckfläche blau und die Mantelfläche gelb.

①
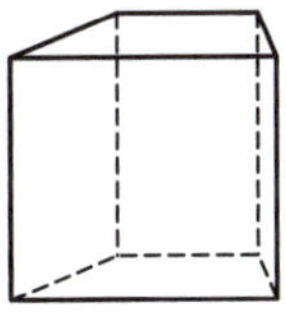

Ⓐ
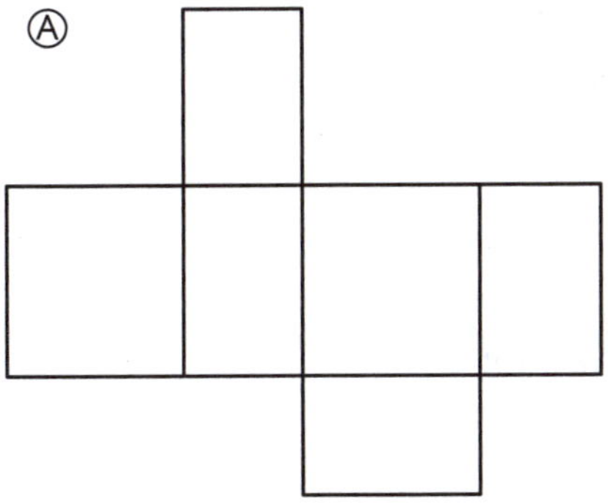

Ⓑ
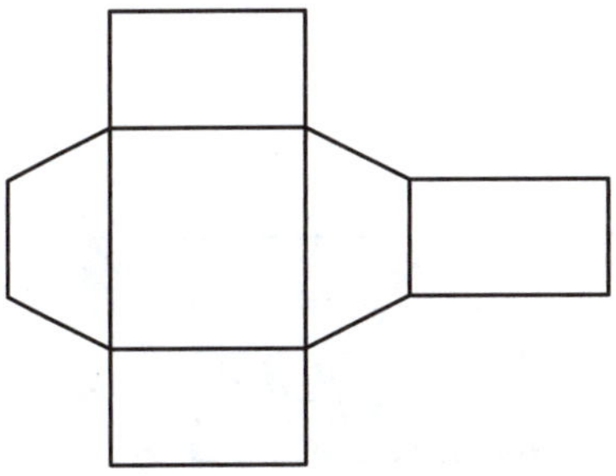

②
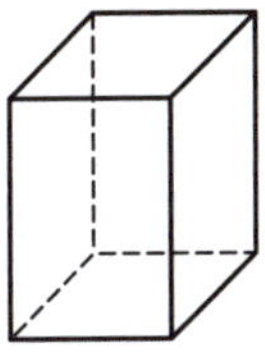

③
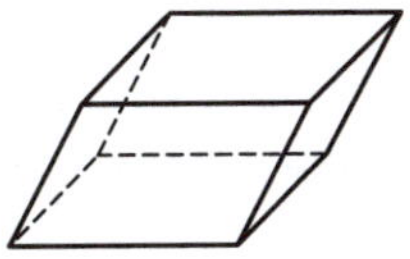

Ⓒ
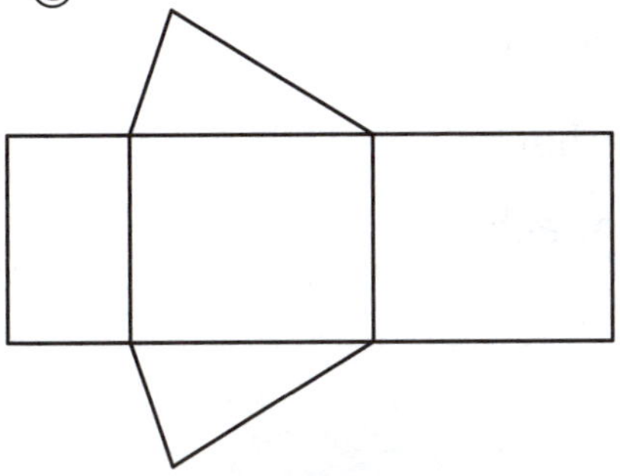

Ⓓ
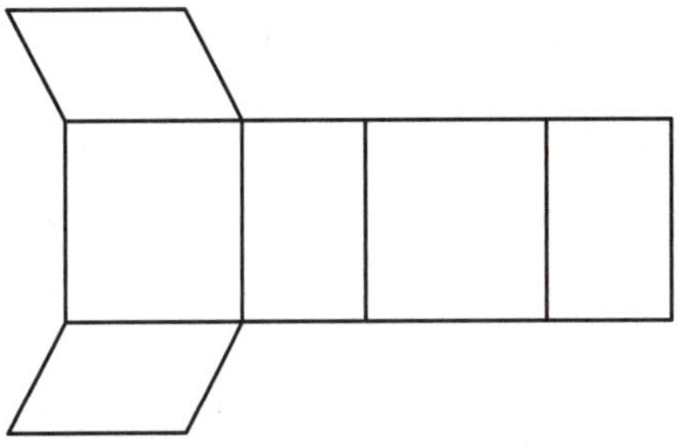

④
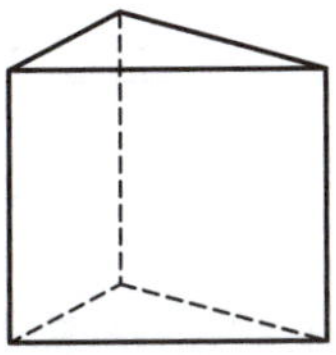

Oberflächeninhalt eines Quaders

1 Der Oberflächeninhalt eines Körpers ist die Summe seiner Einzelflächen.
Vervollständige die Rechnung.

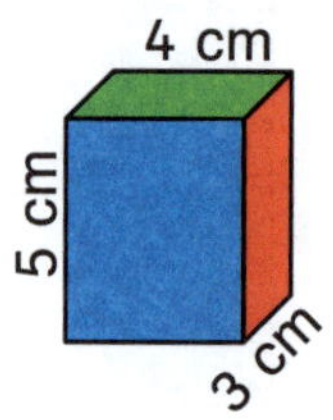

Grundfläche: $A = 4\,cm \cdot 3\,cm$
$A = 12\,cm^2$

Vorderfläche: $A = 4\,cm \cdot 5\,cm$
$A = 20\,cm^2$

Seitenfläche: $A = 3\,cm \cdot 5\,cm$
$A = 15\,cm^2$

Oberflächeninhalt:

2 · Grundfläche	$2 \cdot 12\,cm^2 =$ ______	cm^2
2 · Vorderfläche	$2 \cdot 20\,cm^2 =$ ______	cm^2
2 · Seitenfläche	$2 \cdot 15\,cm^2 =$ ______	cm^2
	$A_O =$ ______	cm^2

2 Berechne den Oberflächeninhalt des Quaders.

a)

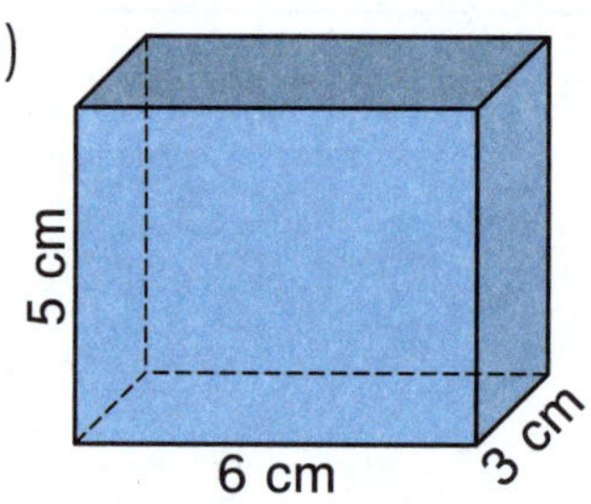

Grundfläche: ______
______

Vorderfläche: ______
______

Seitenfläche: ______
______

Oberflächeninhalt:

2 · Grundfläche	2 · ______ = ______	cm^2
2 · Vorderfläche	2 · ______ = ______	cm^2
2 · Seitenfläche	2 · ______ = ______	cm^2
	$A_O =$ ______	cm^2

b)

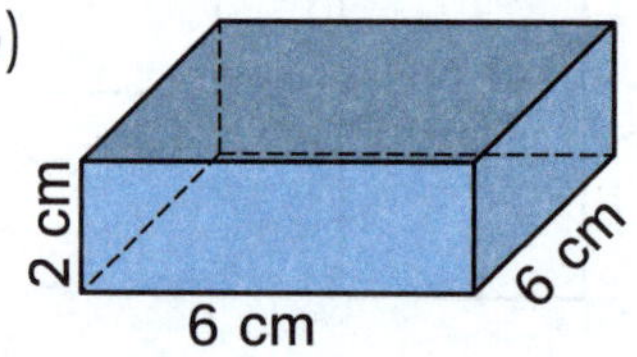

Grundfläche: ______
______

Vorderfläche: ______
______

Seitenfläche: ______
______

Oberflächeninhalt:

2 · Grundfläche	2 · ______ = ______	cm^2
2 · Vorderfläche	2 · ______ = ______	cm^2
2 · Seitenfläche	2 · ______ = ______	cm^2
	$A_O =$ ______	cm^2

Lösungen

Terme

Zu Seite 1

1 a) 32 €; 2 Bälle, 2 Springseile
b) 71 €; 1 Trikot, 2 Tischtennisschläger

2 a) $4 \cdot 4€ + 21€ = 37€$
b) $2 \cdot 14€ + 2 \cdot 12€ = 52€$
c) $2 \cdot 25€ + 21€ + 2 \cdot 4€ = 79€$
d) $12€ + 14€ + 4 \cdot 25€ = 126€$

3 $5 \cdot 25€ = 125€$
A: Herr Jansen kauft 5 Schläger.

Terme

Zu Seite 2

1 a) Zu x wird 9 addiert. → $x + 9$
Das 9-fache von x. → $9 \cdot x$
Von x wird 9 subtrahiert. → $x - 9$
x wird von 9 subtrahiert. → $9 - x$

b) Das 7-fache von x. → $7 \cdot x$
Von 7 wird x subtrahiert. → $7 - x$
7 wird von x subtrahiert. → $x - 7$
7 wird zu x addiert. → $x + 7$

2 a) $6x - 3$ b) $3x - 6$ c) $3x + 6$ d) $6x + 3$

3 a)

Anzahl der Schichten	Höhe der Mauer 25x
1	25 cm
2	50 cm
3	75 cm
4	100 cm
5	125 cm

b) E $25x + 40$

c)

Anzahl der Schichten	Höhe der Mauer mit dem Gitter 25x + 40
1	65 cm
2	90 cm
3	115 cm
4	140 cm
5	165 cm

d) A: Der Maurer hat 3 Schichten gesetzt.

Terme mit Variablen ordnen und zusammenfassen

Zu Seite 3

1 a) $5 \cdot x$
$11 \cdot x$
$5 \cdot x$

b) $12 \cdot x$
$10 \cdot x$
$19 \cdot x$

2 $3 \cdot x + 3$

3 a) $6 \cdot x + 9$ b) $9 \cdot x + 3$ c) $6 \cdot x + 5$ d) $13 \cdot x + 13$
e) $9 \cdot x + 8$ f) $13 \cdot x + 18$ g) $10 \cdot x + 15$

Lösungen

4 a) $8\cdot x+15$ b) $3\cdot x+14$ c) $12\cdot x+17$ d) $10\cdot x+10$
e) $19\cdot x+9$ f) $11\cdot x+13$

5 a) $3\cdot x$ b) $3\cdot x$
$3\cdot x$ $2\cdot x$
$2\cdot x$ $6\cdot x$

6 $2\cdot x+2$

7 a) $2\cdot x+3$ b) $3\cdot x+6$ c) $17\cdot x+2$ d) $x+9$
e) $3\cdot x+18$

Waagen im Gleichgewicht

Zu Seite 4

1 $x=2$
Das unbekannte Gewicht ist 2 kg schwer.

2 $x=3$

3 a) Gleichung: $x+2=8$
b) Lösen der Gleichung: $x+2=8 \quad |-2$
c) Lösung: $x=6$

4 a) $x=7$ b) $x=3$ c) $x=1$

Waagen im Gleichgewicht

Zu Seite 5

1 $x=2$

2 Gleichung: $3x=9$
Lösen der Gleichung: $3x=9 \quad |:3$
Lösung: $x=3$

3 a) Gleichung: $2x+3=11$
b) Lösen der Gleichung: $2x+3=11 \quad |-3$
$2x=8 \quad |:2$
Lösung: $x=4$

4 a) $x=4$ b) $x=4$

Gleichungen mit x auf einer Seite

Zu Seite 6

1 a) $x=26$
Probe: $26+32=58$ wahr!

b) $x+27=63 \quad |-27$
$x=36$
Probe: $36+27=63$ wahr!

2 a) $x=12$
Probe: $8\cdot 12=96$ wahr!

b) $6x=78 \quad |:6$
$x=13$
Probe: $6\cdot 13=78$ wahr!

3 a) $3x+15=60 \quad |-15$
$3x=45 \quad |:3$
$x=15$
Probe: $3\cdot 15+15=60$ wahr!

b) $4x+16=64 \quad |-16$
$4x=48 \quad |:4$
$x=12$
Probe: $4\cdot 12+16=64$ wahr!

c) $7x + 13 = 97 \quad | -13$
$7x = 84 \quad | :7$
$7x = 12$
Probe: $7 \cdot 12 + 13 = 97$ wahr!

d) $8x + 28 = 100 \quad | -28$
$8x = 72 \quad | :8$
$x = 9$
Probe: $8 \cdot 9 + 28 = 100$ wahr!

Gleichungen mit x auf einer Seite

Zu Seite 7

1 a) $x = 4$ b) $x = 5$

2 a) $x = 3$ b) $x = 6$

3 a) $x = 4$ b) $x = 9$

Gleichungen mit x auf beiden Seiten

Zu Seite 8

1 $x = 4$

2 a) $x = 4$ b) $x = 3$

3 a) $x = 2$ b) $x = 3$

Gleichungen mit x auf beiden Seiten

Zu Seite 9

1 a) $x = -5$ b) $x = 15$ c) $x = 6$ d) $x = -6$

2 a) $x = -1$ b) $x = -2$ c) $x = 1$ d) $x = -6$

3 a) $x = 8$ b) $x = -2$

Üben: Sachaufgaben

Zu Seite 10

1 a) Der Eintritt für ein Kind kostet 4 €.
b) Gleichung: $4x + 2 = 18$; $x = 4$. Der Eintritt kostet 4 € pro Person.

2 a) Gleichung: $4x - 2 = 26$; $x = 7$. Ein Ring kostet 7 €.
b) Gleichung: $4x + 2 = 26$; $x = 6$. Eine Kinokarte kostet 6 €.

3 Gleichung: $5x + 4 = 39$; $x = 7$. Ein Kreisel kostet 7 €.

Üben: Sachaufgaben

Zu Seite 11

1 Gleichung: $2 \cdot x + 2{,}50$ € $= 19{,}50$ €; $x = 8{,}50$ €; A: Eine Eintrittskarte kostet 8,50 €.

2 a) Gleichung: $2 \cdot 3{,}50$ € $+ 3 \cdot 5{,}50$ € $+ x = 32$ €; $x = 8{,}50$ €.
A: Eine Brille kostet 8,50 €.
b) Gleichung: $4 \cdot 1{,}50$ € $+ 2 \cdot 13{,}50$ € $+ 2 \cdot x = 62$ €; $x = 14{,}50$ €.
A: Ein Schläger kostet 14,50 €.

3 a) Grüne Gleichung: $4 \cdot x + 4 \cdot 8{,}60 = 50$; $x = 3{,}90$; A: Ein Paar Socken kostet 3,90 €.
b) Blaue Gleichung: $4 \cdot x - 8{,}60 = 50$; $x = 14{,}65$; A: Ein Ball kostet 14,65 €.

Lösungen

Üben: Sachaufgaben

Zu Seite 12

1 A: Der kürzeste Baumstamm ist 6 m lang, der mittlere Baumstamm ist 12 m und der längste Baumstamm ist 18 m lang.

2 A: Am ersten Tag fahren sie 9 km, am zweiten Tag sind es 18 km und am dritten Tag fahren sie 36 km.

3 A: Im März hat Sarah 40 € gespart, im April waren es 60 € und im Mai hat Sarah 80 € gespart.

4 A: Lea ist 1,42 m groß, Jan ist 1,32 m groß und Max ist 1,26 m groß.

Üben: Gleichungen in der Geometrie

Zu Seite 13

1 a) $a = 45$; Seitenlänge $a = 45$ m b) $b = 34$; Seitenlänge $b = 34$ m

2 a) $x = 15$; Länge $x = 15$ cm
b) Gleichung: $50 + x + 3x + x = 120$; $x = 14$; Seitenlänge $x = 14$ cm

3 a) $90 + 2x + x = 180$; $x = 30$; Winkel $x = 30°$
b) $x + x + 60 + x = 180$; $x = 40$; Winkel $x = 40°$

Vermischte Übungen

Zu Seite 14

1 a) x wird von 5 subtrahiert. → $5 - x$
Das 5-fache von x. → $5 \cdot x$
Von x wird 5 subtrahiert. → $x - 5$
Zu x wird 5 addiert. → $x + 5$

b) Das 8-fache von x. → $8 \cdot x$
Von 8 wird x subtrahiert. → $8 - x$
8 wird von x subtrahiert. → $x - 8$
8 wird zu x addiert. → $x + 8$

2 a) $7x + 8$ b) $5x + 9$ c) $11x + 11$ d) $4x + 11$
e) $5x + 12$ f) $6x + 27$ g) $2x + 11$ h) $-4x + 24$

3 a) $x = 3$ b) $x = 9$ c) $x = 9$ d) $x = 6$

4 a) $x = 8$ b) $x = 4$

5 $6 + 5x = 51$
$5x = 45$
$x = 9$
A: Ein T-Shirt kostet 9 €.

Zinsrechnung als Anwendung der Prozentrechnung

Zu Seite 15

1 a) Jenny spart für ein Mofa. Sie zahlt 50 € auf ihr Sparkonto ein.
b) Für die Anschaffung einer Maschine nimmt Maurermeister Biel ein Darlehen von 12 000 € auf.
c) Frau und Herr Lenz möchten ein Haus kaufen. Von der Bank bekommen sie einen Kredit von 200 000 €.
d) Frau Oruc hat auf ihrem Girokonto ein Guthaben von 1 200 €.

2 a)

€	%
100	400
1	4
3	12

Zinsen für ein Jahr: 12 €

b)

%	€
100	900
1	9
3	27

Zinsen für ein Jahr: 27 €

c)

%	€
100	2500
1	25
3	75

Zinsen für ein Jahr: 75 €

3 a) Zinsen: 80 €

b) Zinsen: 240 €

4 a)

%	€
100	760
1	7,60
2	15,20

Zinsen für ein Jahr: 15,20 €

b)

%	€
100	8 980
1	89,80
5	449

Zinsen für ein Jahr: 449 €

Grundaufgaben der Zinsrechnung

Zu Seite 16

1 a)

%	€
100	1 450
1	14,50
8	116

Die Zinsen für ein Jahr betragen 116 €.

b)

%	€
100	5 850
1	58,50
7	409,50

Die Zinsen für ein Jahr betragen 409,50 €.

2

€	%
500	100
1	0,2
60	12

A: Der Zinssatz ist 12 % hoch.

3 a)

%	€
8	240
1	30
100	3 000

Die Höhe des Kredits beträgt 3 000 €.

b)

%	€
7	280
1	40
100	4 000

Die Höhe des Kredits beträgt 4 000 €.

4 A: Herr Tabor erhält den günstigeren Kredit, da er nur 200 € Zinsen zahlen muss. Der Zinssatz für Frau Wang beträgt 12,5 %.

Lösungen

Tageszinsen

Zu Seite 17

1

Jahreszinsen	
%	€
100	24 000
1	240
1,5	360

Tageszinsen	
Tage	€
360	360
1	1
70	70

Für 70 Tage bekommt er 70 € Zinsen.

2 A

Jahreszinsen	
%	€
100	60 000
1	600
1,2	720

Tageszinsen	
Tage	€
360	720
1	2
55	110

Tageszinsen für 55 Tage: 110 €

B

Jahreszinsen	
%	€
100	2 400
1	24
7,5	180

Tageszinsen	
Tage	€
360	180
1	0,5
234	117

Tageszinsen für 234 Tage: 117 €

C

Jahreszinsen	
%	€
100	15 000
1	150
2,4	360

Tageszinsen	
Tage	€
360	360
1	1
325	325

Tageszinsen für 325 Tage: 325 €

Arbeiten mit dem Computer: Zinsrechnung

Zu Seite 18

1 –

2 = B3 + B5 (3. Formel)

3 a) Zinsen 40,50 €
Guthaben am Jahresende 2 740,50 €

b) Zinsen 74,29 €
Guthaben am Jahresende 4 444,29 €

4 a) Zinsen 102,0870 €
Guthaben am Jahresende 5 475,0870 €

b) Zinsen 34,8 €
Guthaben am Jahresende 3 899,8 €

5 Zinssatz 1,5 %

Arbeiten mit dem Computer: Zinsrechnung

Zu Seite 19

1 B7 = B6/360; B8 = B7*B5

2 a) –
b) links:

Jahreszinsen	95,40 €
Tageszinsen	0,265 €
Zinsen für die Anlagezeit	39,75 €

rechts:

Jahreszinsen	42,16 €
Tageszinsen	0,1171 €
Zinsen für die Anlagezeit	24,59 €

3 a) B6 = B3*B4; B7 = B6/360; B8 = B7*B5; B9 = B3 + B8
b) Nach 252 Tagen müsste Frau Keller den Kredit spätestens zurückzahlen.
Dann wäre der Rückzahlungsbetrag 8 999,80 €.

Vermischte Übungen

Zu Seite 20

1

Kapital 500 €	
%	€
100	500
1	5
3	15

Kapital 1 200 €	
%	€
100	1 200
1	12
3	36

Kapital 2 300 €	
%	€
100	2 300
1	23
3	69

2 a)

%	€
100	890
1	8,9
2	17,8

Zinsen für ein Jahr: 17,80 €

b)

%	€
100	2 780
1	27,80
3	83,40

Zinsen für ein Jahr: 83,40 €

3 a)

%	€
7	630
1	90
100	9 000

Höhe des Kredits: 9000 €

b)

€	%
5 000	100
1	0,02
600	12

Zinssatz: Der Zinssatz beträgt 12 %.

4

Jahreszinsen	
%	€
100	14 400
1	144
5	720

Tageszinsen	
Tage	€
360	720
1	2
95	190

Die Tageszinsen für 95 Tage betragen 190 €.

Lösungen

Daten erheben und auswerten

Zu Seite 21

1 a)

Lieblingstier	Anzahl der Stimmen
Hund	11
Vogel	5
Katze	8
Hamster	6

b)

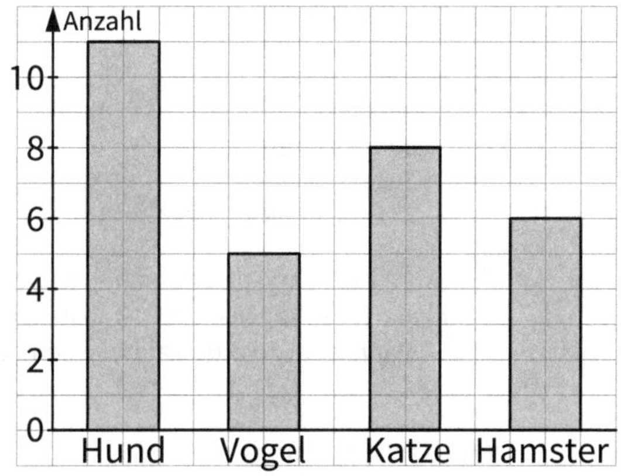

2 a)

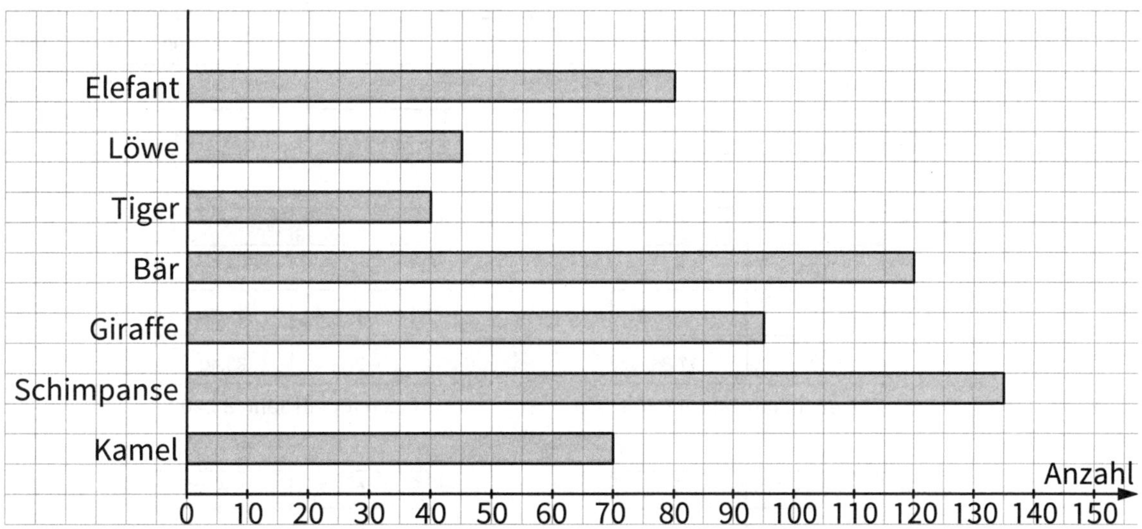

b) Schimpanse; Bär; Giraffe; Elefant; Kamel; Löwe; Tiger

Diagramme

Zu Seite 22

1 a) und b)

Uhrzeit	8–9	9–10	10–11	11–12	Gesamtzahl
Pkw	70	80	90	75	315
Busse/Lkw	40	30	50	30	150
Motorräder	30	35	35	35	135
Fahrzeuge insgesamt von 8 Uhr bis 12 Uhr					600

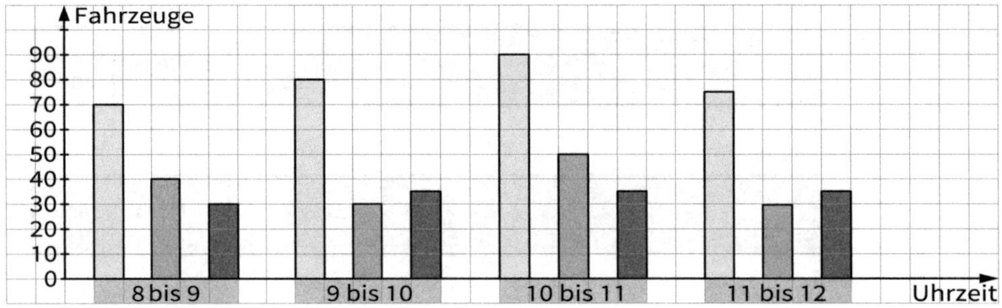

2 a) wahr b) falsch c) falsch d) falsch

3 a)

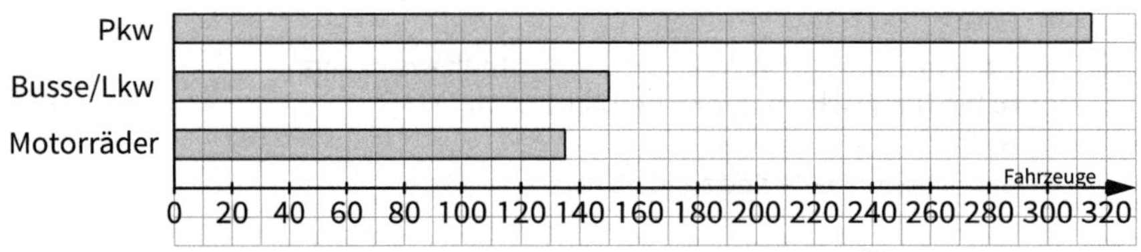

b)

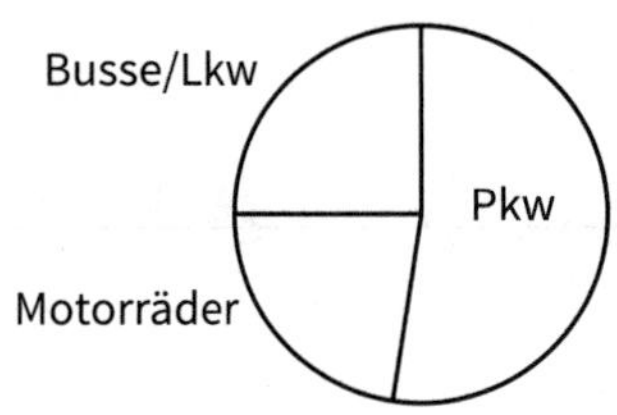

Diagramme

Zu Seite 23

1 a) und b)

	DI	Mi
Pkw	500	800
Busse/Lkw	200	300
Motorräder	150	100
Gesamtzahl der Fahrzeuge	850	1200

c) Von links nach rechts: Mittwoch, Dienstag, Dienstag, Mittwoch

2 a)

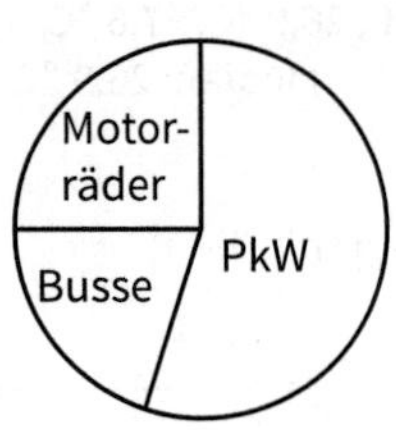

Freitag

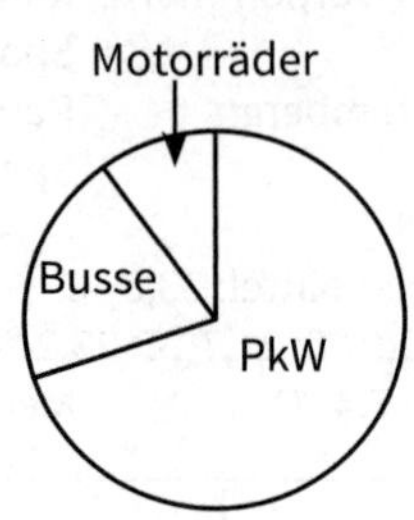

Donnerstag

b) Donnerstag:

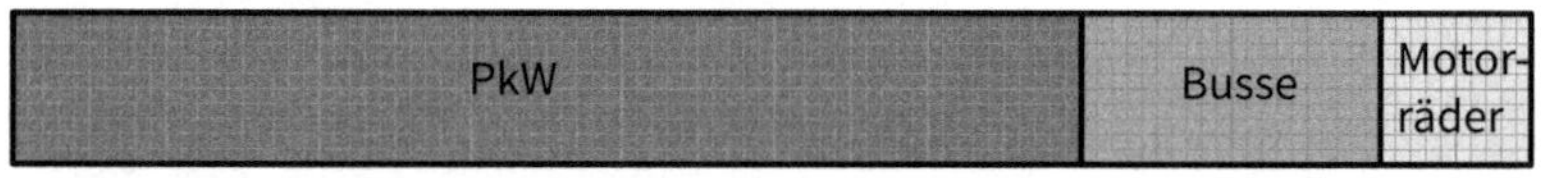

Freitag:

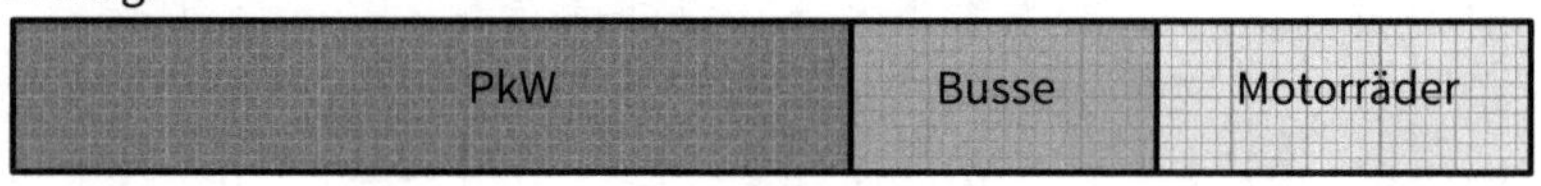

Arithmetisches Mittel

Zu Seite 24

1 a) von links nach rechts: Ina; Sera; Lea; Steffi; Ayse; Clara
b) A: Die Durchschnittsgröße beträgt 1,55 m.
c) A: Ja
d) A: Die Spannweite beträgt 0,40 m.

2 80 kg; 90 kg; 75 kg

3 Durchschnitt: 20 m; 33 m; 26m; 32 m
Spannweite: 13 m; 7 m; 10 m; 4 m

Arithmetisches Mittel, Median, Spannweite

Zu Seite 25

1 a) Arithmetisches Mittel Augsburg: 67 mm; Arithmetisches Mittel Potsdam: 52 mm
b) Spannweite Augsburg: 48 mm; Median Augsburg: 73 mm
c) Rangliste: 10 mm – 17 mm – 60 mm – 63 mm – 110 mm
Spannweite Potsdam: 100 mm; Median Potsdam: 60 mm

2 Median: 20°

3 a) Arithmetisches Mittel: 62 mm
b) Rangliste: 30 mm – 38 mm – 40 mm – 45 mm – 85 mm – 134 mm
Median: 42,5 mm Spannweite: 104 mm

Arithmetisches Mittel, Median, Spannweite

Zu Seite 26

1 a) Mecklenburg-Vorpommern: 24,9 °C Baden-Württemberg: 26,2 °C
b) Mecklenburg-Vorpommern: Rangliste: 23,4 °C; 24,6 °C; 24,9 °C; 25,1 °C; 26,5 °C
Spannweite: 3,1 °C Median: 24,9 °C
Baden-Württemberg: Rangliste: 22,3 °C; 26,4 °C; 26,9 °C; 27,6 °C; 27,8 °C
Spannweite: 5,5 °C Median: 26,9 °C

2 a) Arithmetisches Mittel: 23,8 °C
b) Rangliste: 19,9 °C; 21,7 °C; 23,2 °C; 24,2 °C; 26,5 °C; 27,3 °C
Spannweite: 7,4 °C Median: 23,7 °C

Lösungen

Statistische Darstellungen beurteilen

Zu Seite 27

1 a) Die rechte und linke Darstellung müssen angekreuzt werden.
b) Die Darstellung legt nahe, dass die Besucherzahlen viermal so groß sind.

2 a) und b)

12–14 Jahre	14–16 Jahre	16–18 Jahre	Älter als 18 Jahre	insgesamt
15	15	20	10	60
$\frac{1}{4}$	$\frac{1}{4}$	$\frac{1}{3}$	$\frac{1}{6}$	1

c) Im linken Diagramm erkennt man die Anteile am besten.

d) A: Das mittlere Diagramm wurde dreidimensional gezeichnet. Dadurch erscheint der vorne liegende grüne Anteil größer als der hinten liegende gelbe Anteil.

e)

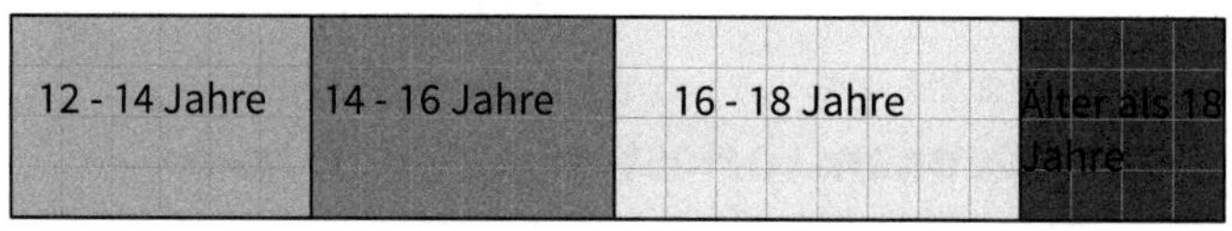

Statistische Darstellungen beurteilen

Zu Seite 28

1 A: Die Skala im rechten Diagramm beginnt nicht bei 0, sondern bei 2200.

(Im linken Diagramm erscheint der Anstieg nicht so groß, da der Anstieg im Vergleich zu der Gesamtzahl an Diebstählen ersichtlich ist. Daher wird auch eine Skala mit größeren Schritten verwendet. Im rechten Diagramm werden die Werte von 0 bis 2000 weggelassen und kleinere Schritte in der Skala verwendet, daher erscheint der Anstieg an Diebstählen hier sehr stark.)

2

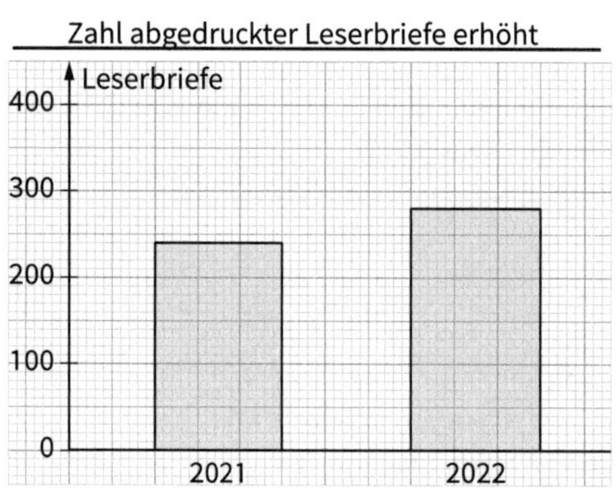

3 Das zweite Diagramm stellt den Rückgang realistisch dar.

Arbeiten mit dem Computer: Tabellenkalkulation

Zu Seite 29

1 a) – b) – c) –
d) Durchschnitt: 154,8 Median:167

2 a) –
b) Durchschnitt: 149,2 Median: 151,5

Lösungen

3 a)

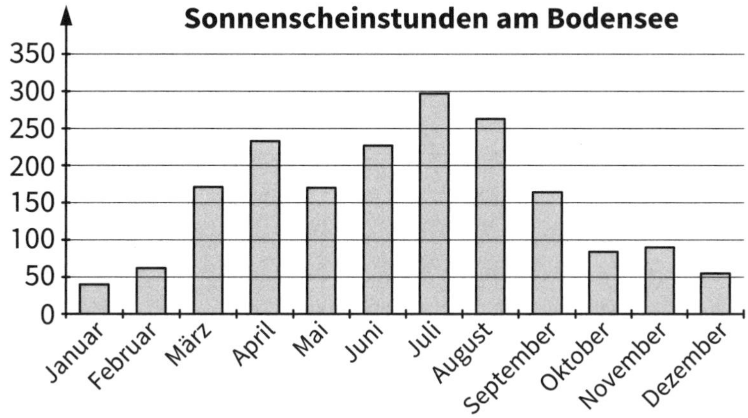

b)

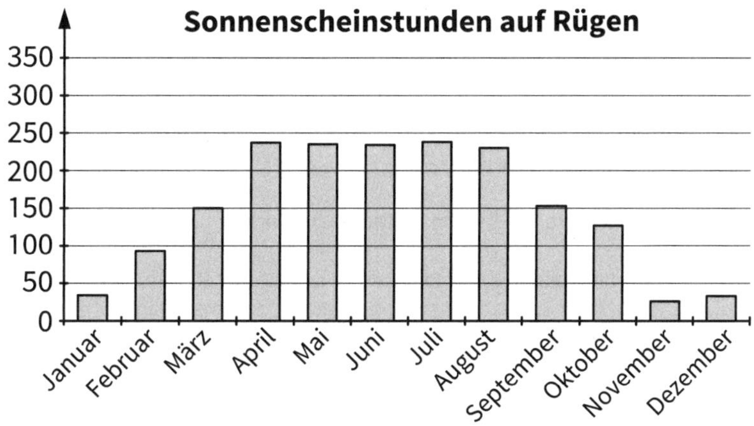

4 Das linke Säulendiagramm stellt die Sonnenscheinstunden für den Bodensee dar, das rechte Säulendiagramm stellt die Sonnenscheinstunden für Rügen dar.

Vermischte Übungen

Zu Seite 30

1 a)

Hamburg:	95 h	140 h	205 h	256 h
Stuttgart:	115 h	136 h	168 h	193 h

b) Hamburg Durchschnitt: 174 h; Median: 172,5 h; Spannweite 161 h
Stuttgart Durchschnitt: 153 h; Median: 152 h; Spannweite 78 h

2 a) A: Insgesamt wurden 200 Jugendliche befragt.

b)

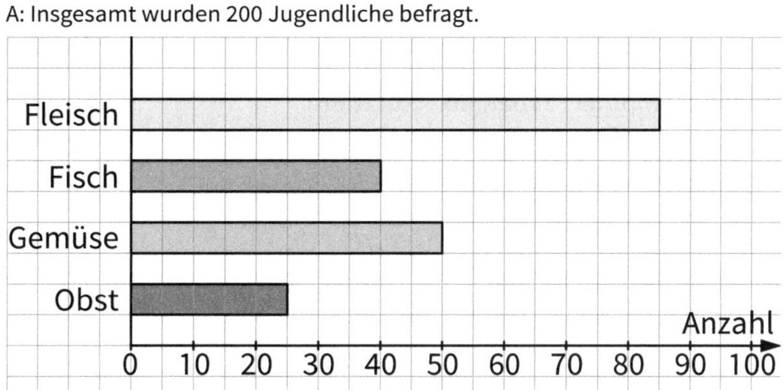

c) Das zweite und dritte Diagramm stellen das Ergebnis richtig dar.
d) a) falsch b) wahr c) wahr

Relative und absolute Häufigkeit

Zu Seite 31

1 a) und b)

Ergebnis	rot	gelb	blau	grün
absolute Häufigkeit	23	**15**	**35**	**27**
relative Häufigkeit	0,23	**0,15**	**0,35**	**0,27**

2 a) und c)
Glücksrad A

Ergebnis	rot	gelb	blau
absolute Häufigkeit	**31**	**37**	**32**
relative Häufigkeit	**0,31**	**0,37**	**0,32**

Glücksrad B

Ergebnis	rot	gelb	blau
absolute Häufigkeit	27	35	38
relative Häufigkeit	**0,27**	**0,35**	**0,38**

b) –
d) Das Glücksrad A wird ausgewählt, da bei diesem Glücksrad die relative Häufigkeit des Ergebnisses „rot" höher ist als beim Glücksrad B.

Wahrscheinlichkeiten von Ergebnissen bestimmen

Zu Seite 32

1

	Die gezogene Kugel ist …	sicher	möglich	unmöglich
a)	… rot.		x	
b)	… blau mit einer 4.		x	
c)	… gelb mit einer 1.			x
d)	… rot mit einer Zahl größer als 3.			x
e)	… blau mit einer Zahl größer als 1.		x	
f)	… rot oder gelb oder blau mit einer Zahl kleiner als 7.	x		

2 Beutel D

3 a) $\frac{1}{4}$ b) $\frac{1}{2}$ c) $\frac{1}{5}$ d) $\frac{1}{3}$

4 a) $\frac{1}{3}$ b) $\frac{1}{2}$ c) $\frac{1}{6}$ d) $\frac{1}{5}$

Lösungen

Wahrscheinlichkeit von Ereignissen

Zu Seite 33

1

	Günstige Ergebnisse	Wahrscheinlichkeit
a)	1; 5	$\frac{2}{6}$
b)	3	$\frac{1}{6}$
c)	2, 4, 6	$\frac{3}{6}$
d)	3, 4, 5, 6	$\frac{4}{6}$
e)	1, 2, 3, 4, 5, 6	$\frac{6}{6}$

2

	Beutel 1	Beutel 2	Beutel 3
a)	$\frac{2}{5}$	$\frac{3}{8}$	$\frac{2}{6}$
b)	$\frac{1}{5}$	$\frac{1}{8}$	$\frac{1}{6}$
c)	$\frac{2}{5}$	$\frac{4}{8}$	$\frac{3}{6}$
d)	$\frac{3}{5}$	$\frac{5}{8}$	$\frac{4}{6}$
e)	$\frac{4}{5}$	$\frac{7}{8}$	$\frac{5}{6}$
f)	$\frac{3}{5}$	$\frac{4}{8}$	$\frac{3}{6}$

3 a) $\frac{2}{5}; \frac{3}{4}; \frac{1}{2}; \frac{1}{3}$

b) Bei Glücksrad Nr. 2 ist die Wahrscheinlichkeit für „blau" größer als 50 %.

Wahrscheinlichkeit von Ereignissen

Zu Seite 34

1 a) falsch   b) wahr   c) falsch   d) wahr

2

	Wahrscheinlichkeit
a)	$\frac{5}{8}$
b)	$\frac{2}{8}$
c)	$\frac{2}{8}$
d)	$\frac{3}{8}$
e)	$\frac{5}{8}$
f)	$\frac{4}{8}$
g)	$\frac{7}{8}$

3 $\frac{1}{4}$

4 2 blaue Felder mit 2 und 3; 2 gelbe Felder mit 1 und 4

Lösungen

Wahrscheinlichkeiten bestimmen

Zu Seite 35

1 a) wahr b) wahr c) falsch

2 a) 60% b) 30 % c) 30 % d) 40 % e) 40 % f) 80 %

3 A: Die Wahrscheinlichkeit beträgt $\frac{2}{9}$.

4 1 (gelb); 2 (blau); 3 (gelb); 4 (blau)

Vermischte Übungen

Zu Seite 36

1

a)	Die gezogene Kugel ist blau	$\frac{6}{10}$	$\frac{4}{12} = \frac{1}{3}$	$\frac{4}{12} = \frac{1}{3}$
b)	Die gezogene Kugel ist rot	$\frac{2}{10} = \frac{1}{5}$	$\frac{6}{12} = \frac{1}{2}$	$\frac{4}{12} = \frac{1}{3}$
c)	Die gezogene Kugel ist nicht gelb	$\frac{8}{10} = \frac{4}{5}$	$\frac{10}{12} = \frac{5}{6}$	$\frac{8}{12} = \frac{2}{3}$
d)	Die gezogene Kugel ist rot oder gelb	$\frac{4}{10} = \frac{2}{5}$	$\frac{8}{12} = \frac{2}{3}$	$\frac{8}{12} = \frac{2}{3}$

2

	Ereignis	Günstige Ergebnisse	Wahrscheinlichkeit
a)	Es wird eine 2 oder eine 3 gewürfelt.	2; 3	$\frac{1}{3}$
b)	Es wird eine ungerade Zahl gewürfelt.	1; 3; 5	$\frac{1}{2}$
c)	Es wird eine 1 oder eine 6 gewürfelt.	1; 6	$\frac{1}{3}$
d)	Es wird eine Zahl kleiner als 4 gewürfelt.	1; 2; 3	$\frac{1}{2}$
e)	Es wird eine Zahl kleiner als 8 gewürfelt.	1; 2; 3; 4; 5; 6	1

3 a) Günstige Ergebnisse: 4
Wahrscheinlichkeit: $\frac{1}{6}$

b) Günstige Ergebnisse: 1; 5
Wahrscheinlichkeit: $\frac{1}{3}$

4 a) Drei Kugeln werden rot gefärbt.
b) Eine Kugel wird rot gefärbt.
c) Fünf Kugeln werden rot gefärbt.
d) Vier Kugeln werden rot gefärbt.

Bezeichnungen im rechtwinkligen Dreieck

Zu Seite 37

1 a)

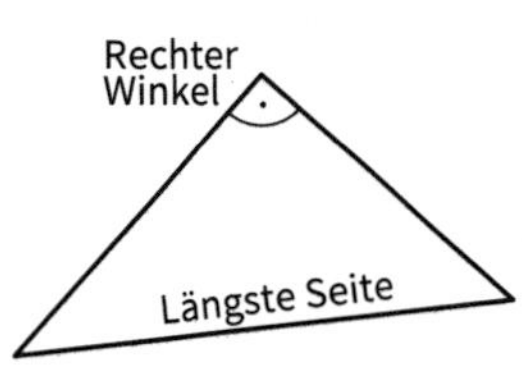

b)

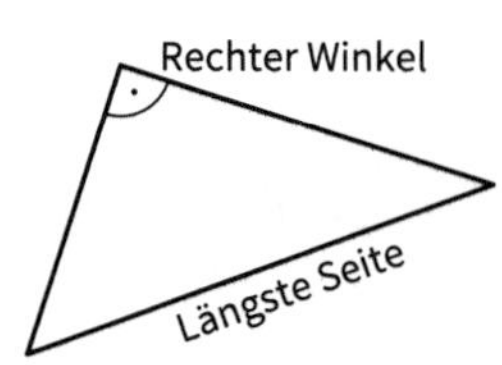

c)

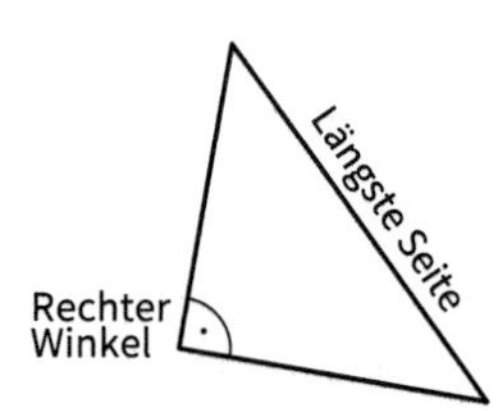

2 a)

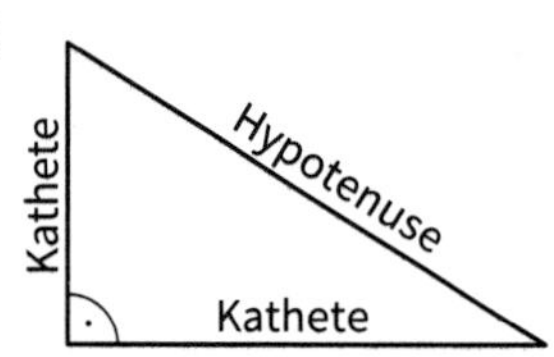

b)

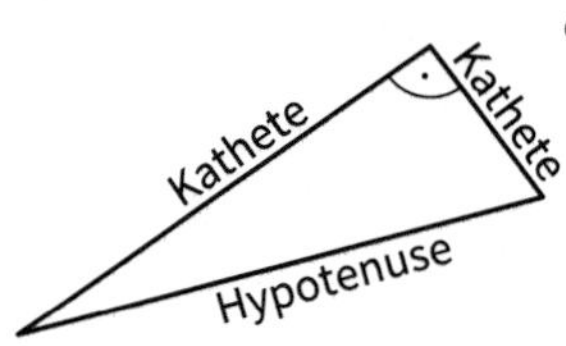

c)

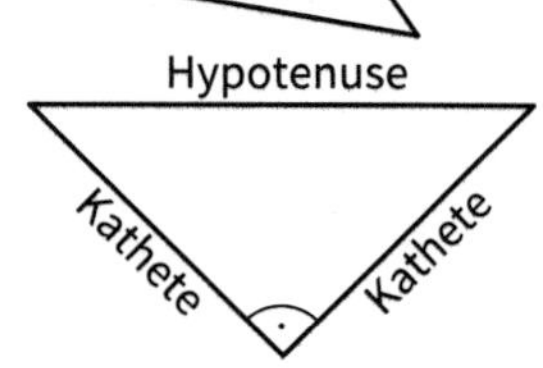

3 a) Hypotenuse: c
Katheten: a, b

b) Hypotenuse: r
Katheten: s, t

c) Hypotenuse: x
Katheten: y, z

Lösungen

d) Hypotenuse: n
Katheten: l, m

e) Hypotenuse: v
Katheten: w, x

c) Hypotenuse: z
Katheten: b, r

Der Satz des Pythagoras

Zu Seite 38

1 a) Quadrat A: 9 cm^2; Quadrat B: 16 cm^2; Quadrat C: 25 cm^2
b) A und B zusammen: 9 cm^2 + 16 cm^2 = 25 cm^2
Die Flächeninhalte der Quadrate A und B sind zusammen so groß wie der Flächeninhalt von Quadrat C.

2 a) $u^2 + v^2 = w^2$ b) $x^2 + y^2 = z^2$ c) $t^2 + s^2 = r^2$ d) $h^2 + k^2 = g^2$

Berechnung der Hypotenuse in einem rechtwinkligen Dreieck

Zu Seite 39

1 a) c = 5 cm b) $c^2 = 100$; c = 10 cm

2 a) $c^2 = 169$; c = 13 cm b) $c^2 = 4{,}00$; c = 2 cm

3 $c^2 = 27{,}04$; c = 5,2 m. Die Auffahrt der Laderampe ist 5,2 m lang.

Berechnung einer Kathete in einem rechtwinkligen Dreieck

Zu Seite 40

1 a) a = 3,2 cm b) $b^2 = 36\ cm^2$; b = 6 cm

2 a) $a^2 = 17{,}64$; a = 4,2 cm b) $b^2 = 4$; b = 2 cm

3 $a^2 = 20{,}25$; a = 4,5 m. Der Giebel ist 4,5 m hoch.

Berechnung von Hypotenuse und Katheten in einem rechtwinkligen Dreieck

Zu Seite 41

1 a) $c^2 = 58$; $c \approx 7{,}6157$; $c \approx 7{,}62$ cm b) $b^2 = 33$; $b \approx 5{,}744$; $b \approx 5{,}74$ cm

2 a) $c^2 = 29$; $c \approx 5{,}385$; $c \approx 5{,}4$; Länge der Diagonalen: 5,4 cm
b) $c^2 = 18{,}25$; $c \approx 4{,}27$; $c \approx 4{,}3$; Länge der Diagonalen: 4,3 cm

3 a) Seitenlänge: $a^2 = 26{,}97$; $a \approx 5{,}193$; $c \approx 5{,}2$; Seitenlänge des Rechtecks: 5,2 cm

---

Sachaufgaben

Zu Seite 42

1 $c^2 = 117$; c = 10,8. Die abgeknickte Spitze ist 10,8 m lang.

2 Skizze:

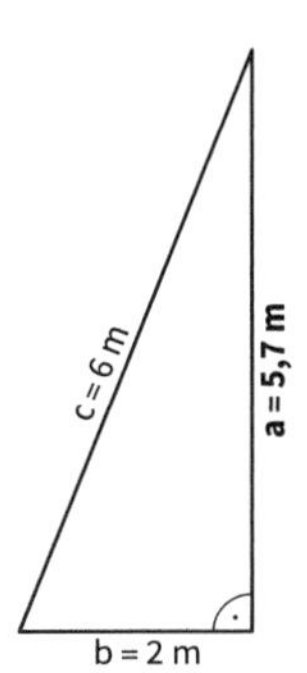

$a^2 = 32$; $a \approx 5{,}656$; $a \approx 5{,}7$.
Die Leiter berührt die Wand in 5,7 m Höhe.

3 Skizze:

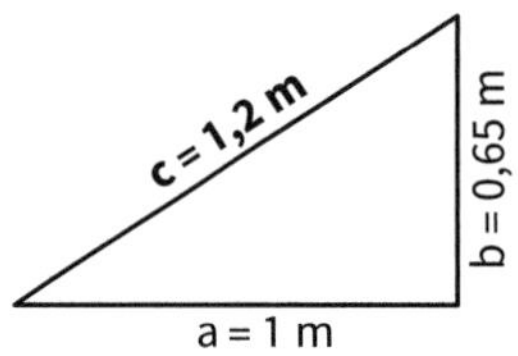

$c^2 = 1{,}4225$; $c \approx 1{,}19$; $c \approx 1{,}2$.
Die Rampe muss 1,2 m lang sein.

Sachaufgaben

Zu Seite 43

1 Skizze:

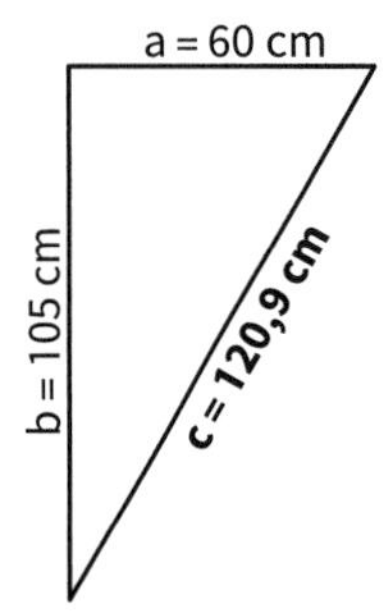

$c^2 = 14\,625$; $c \approx 120{,}93$.
Der Weg ist 120,9 m lang.

2 Skizze:

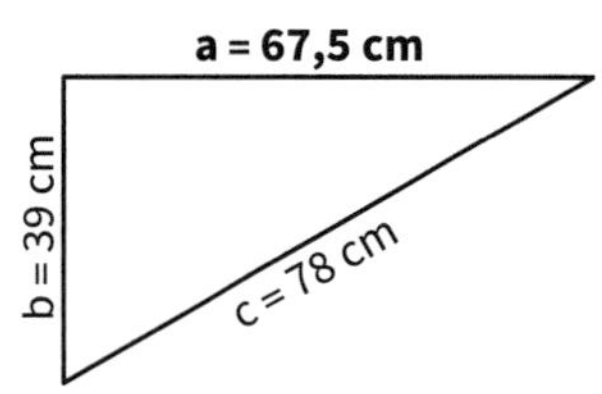

$a^2 = 4\,563$; $a \approx 67{,}54$; $a \approx 67{,}5$.
Der Bildschirm ist 67,5 cm breit.

3 Skizze:

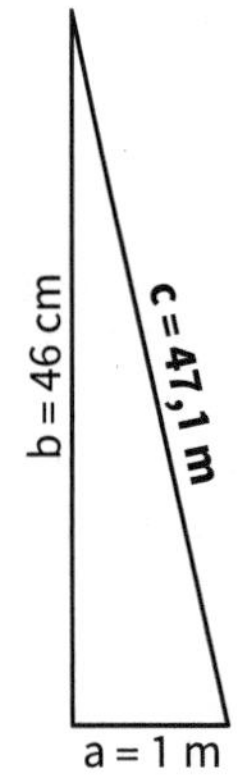

$c^2 = 2\,216$; $c \approx 47{,}07$; $c \approx 47{,}1$.
Die Seile sind 47,1 m lang.

Vermischte Übungen

Zu Seite 44

1 a) $c^2 = 136$; $c \approx 11{,}7$ cm

b) $c^2 = 37$; $c \approx 6{,}1$ cm

2 a) $a^2 = 9{,}84$; $a \approx 3{,}1$ cm

b) $b^2 = 18{,}72$; $b \approx 4{,}3$ cm

Lösungen

3 Skizze:

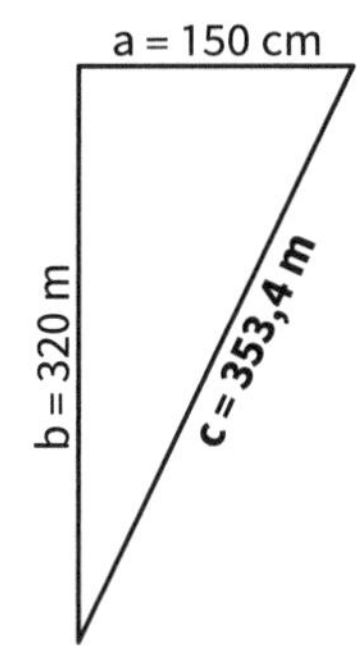

$c^2 = 124\,900$; $c \approx 353{,}4$.
Der Trampelpfad ist ungefähr 353 m lang.

Körper erkennen

Zu Seite 45

1 a) Pyramide b) Zylinder c) Kugel
d) Quader e) Kegel f) Zylinder mit Kegeldach

2 a) Kugel b) Prisma c) Zylinder

3 a) 5 Flächen b) 5 Flächen c) 3 Flächen d) 3 Flächen e) 8 Flächen

---

Körper beschreiben

Zu Seite 46

1

Name	Quader	Kegel	Prisma	Kugel	Pyramide	Zylinder
Flächen	6	2	5	1	5	3
Ecken	8	1	6	0	5	0
Kanten	12	1	9	0	8	2

2 a) und c) sind Prismen

3 Richtige Aussagen: Bei jedem Prisma sind die gegenüberliegenden Flächen gleich groß.
Die Grundflächen eines Prismas sind deckungsgleich.
Der Quader ist ein Prisma.
Die Grundfläche eines Prismas kann quadratisch sein.

4 a) 5 Flächen, 9 Kanten b) 6 Flächen, 12 Kanten c) 7 Flächen, 15 Kanten d) 8 Flächen, 18 Kanten e) 10 Flächen, 24 Kanten

---

Schrägbilder und Netze von Prismen

Zu Seite 47

1

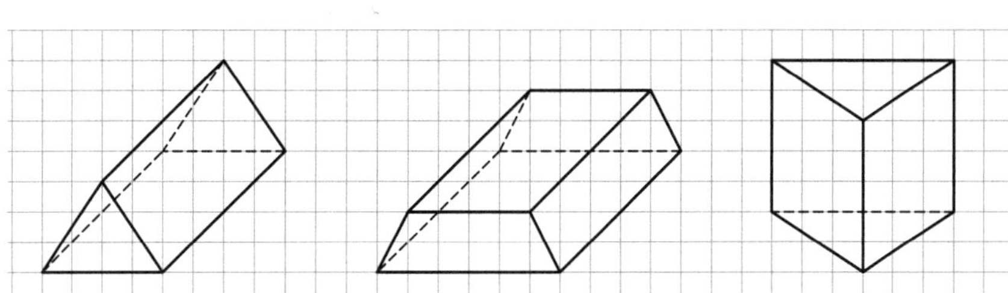

2

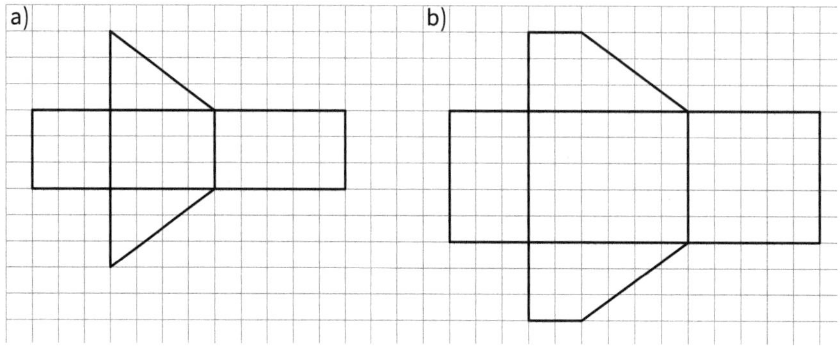

3 a)

Schrägbild	1	2	3	4
Netz	B	A	D	C

b)

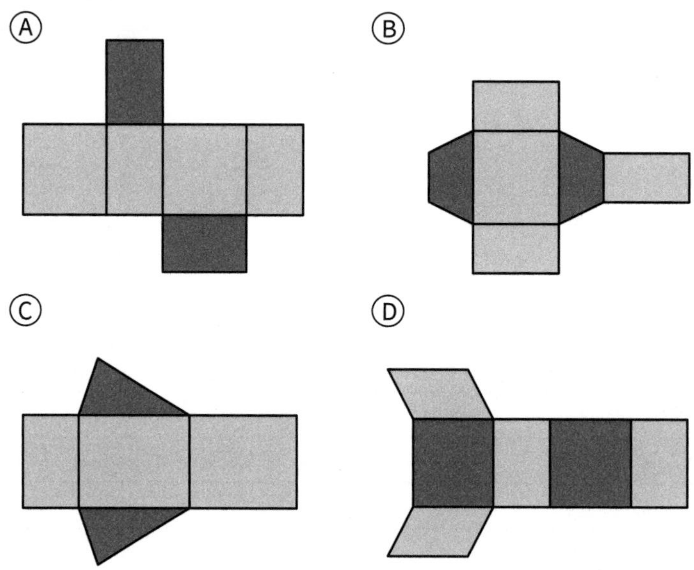

Oberflächeninhalt eines Quaders

Zu Seite 48

1 $A_O = 94\ cm^2$

2 a) Grundfläche: $18\ cm^2$ Vorderfläche: $30\ cm^2$ Seitenfläche: $15\ cm^2$
$A_O = 126\ cm^2$

b) Grundfläche: $36\ cm^2$ Vorderfläche: $12\ cm^2$ Seitenfläche: $12\ cm^2$
$A_O = 120\ cm^2$

Lösungen

Oberflächeninhalt eines Prismas

Zu Seite 49

1 $A_M = (5\text{ cm} + 3\text{ cm} + 6\text{ cm}) \cdot 7\text{ cm}$; $A_M = 14\text{ cm} \cdot 7\text{ cm}$; $A_M = 98\text{ cm}^2$
$A_O = 2 \cdot 7{,}5\text{ cm}^2 + 98\text{ cm}^2$; $A_O = 113\text{ cm}^2$

2 a) $A_G = 5{,}6\text{ cm}^2$; $A_M = 44\text{ cm}^2$; $A_O = 2 \cdot 5{,}6\text{ cm}^2 + 44\text{cm}^2$; $A_O = 55{,}2\text{ cm}^2$
b) $A_G = 15\text{ cm}^2$; $A_M = 80\text{ cm}^2$; $A_O = 2 \cdot 15\text{ cm}^2 + 80\text{ cm}^2$; $A_O = 110\text{ cm}^2$
c) $A_G = 15\text{ cm}^2$; $A_M = 108\text{ cm}^2$; $A_O = 2 \cdot 15\text{ cm}^2 + 108\text{ cm}^2$; $A_O = 138\text{ cm}^2$

Volumen eines Quaders

Zu Seite 50

1 $V = a \cdot b \cdot c$; $V = 6 \cdot 5 \cdot 9$
$V = 270\text{ cm}^3$

$V = A_G \cdot h_k = 30 \cdot 9$
$V = 270\text{ cm}^3$

2 a) $V = 18 \cdot 4$
$V = 72\text{ cm}^3$

b) $V = 25 \cdot 5$
$V = 125\text{ cm}^3$

c) $V = 42 \cdot 1{,}5$
$V = 63\text{ cm}^3$

3 a) $V = 360\text{ cm}^3$ b) $V = 320\text{ cm}^3$ c) $V = 972\text{ cm}^3$

Volumen eines Prismas

Zu Seite 51

1 a) $V = 38 \cdot 4$
$V = 152\text{ cm}^3$

b) $V = 84 \cdot 2$
$V = 168\text{ cm}^3$

c) $V = 40 \cdot 1{,}5$
$V = 60\text{ cm}^3$

2 a) $V = 15 \cdot 7$
$V = 105\text{ cm}^3$

b) $V = 16 \cdot 21$
$V = 336\text{ cm}^3$

c) $V = 15 \cdot 6{,}5$
$V = 97{,}5\text{ cm}^3$

3

	a)	b)	c)	d)	e)	f)
Grundfläche (A_G)	55 cm²	25 cm²	60 cm²	**20 cm²**	**30 cm²**	40 cm²
Körperhöhe (h)	10 cm	6 cm	7 cm	5 cm	6 cm	5 cm
Volumen (V)	**550 cm³**	**150 cm³**	**420 cm³**	100 cm³	180 cm³	**200 cm³**

Oberflächeninhalt eines Zylinders

Zu Seite 52

1 a) $A_G = 28{,}26\text{ cm}^2$; $A_M = 169{,}56\text{ cm}^2$; $A_O = 2 \cdot A_G + A_M$; $A_O = 226{,}08\text{ cm}^2$
b) $A_G = 254{,}34\text{ cm}^2$; $A_M = 423{,}9\text{ cm}^2$; $A_O = 2 \cdot A_G + A_M$; $A_O = 932{,}58\text{ cm}^2$
c) $A_G = 50{,}24\text{ cm}^2$; $A_M = 138{,}16\text{ cm}^2$; $A_O = 2 \cdot A_G + A_M$; $A_O = 238{,}64\text{ cm}^2$

2 $A_G = 94{,}985\text{ cm}^2$; $A_M = 518{,}1\text{ cm}^2$; $A_O = 2 \cdot A_G + A_M$; $A_O = 708{,}07\text{ cm}^2$
Man benötigt $708{,}07\text{ cm}^2$ Blech.

Volumen eines Zylinders

Zu Seite 53

1 a) $V = 480\text{ cm}^3$ b) $V = 660\text{ cm}^3$ c) $V = 378\text{ cm}^3$

2 a) $A_G = 153{,}86\text{ cm}^2$; $V = 3077{,}2\text{ cm}^3$ b) $A_G = 452{,}16\text{ cm}^2$; $V = 7234{,}56\text{ cm}^3$

3 $A_G = 0{,}785\text{ m}^2$; $V = 0{,}942\text{ m}^3$. A: Es passen $0{,}942\text{ m}^3$ Öl in den Tank.

Üben: Volumen und Oberflächeninhalt eines Prismas

Zu Seite 54

1 $V = 28 \cdot 5$; $V = 140\ cm^3$
$A_M = (8 + 8 + 8) \cdot 5$; $A_M = 120\ cm^2$
$A_O = 2 \cdot 28 + 120$; $A_O = 176\ cm^2$

2 Körper A: $V = 91{,}8\ cm^3$; Körper B: $V = 105{,}3\ cm^3$
A: Körper B hat das größere Volumen.

3 a) A: Es werden mindestens $6{,}36\ cm^2$ Holz benötigt.
b) A: Es passen $1{,}08\ m^3$ Sand in die Kiste.

Üben: Sachaufgaben

Zu Seite 55

1 a) $V = 0{,}75 \cdot 0{,}50 \cdot 0{,}40$; $V = 0{,}15\ m^3$
b) A: Der Anhänger darf nicht randvoll beladen werden, da der Sand dann ein Gewicht von 270 kg hätte und somit die Höchstlast des Anhängers überschritten wäre.

2 A: Es werden 12 320 m^3 Erde für eine 80 m langen Abschnitt benötigt.

3 Fassungsvermögen: a) 140 l b) 298,65 l c) 219,45 l

Üben: Volumen und Oberflächeninhalt eines Zylinders

Zu Seite 56

1 $A_G = 80\ m^2$; $V = 560\ m^3$. A: Es lagern $560\ m^3$ Getreide in einem Silo.

2 Fass A: $A_G = 1{,}15\ m^2$; $V = 1{,}035\ m^3$
Fass B: $A_G = 0{,}8\ m^2$; $V = 1\ m^3$
A: Fass A hat das größere Volumen.

3 $A_G = 0{,}8\ m^2$; $A_M = 3{,}768\ m^2$; $A_O = 5{,}368\ m^2$
A: Für einen Heuballen werden $5{,}368\ m^2$ Folie benötigt.

4 $A_M = 11{,}304\ m^2$. A: Es können $11{,}304\ m^2$ beklebt werden.

Üben: Zusammengesetzte Körper

Zu Seite 57

1 a) $V = V_1 + V_2 = 1596 + 197{,}82 = 1793{,}82\ cm^3$
b) $V = V_1 + V_2 = 360 + 315 = 675\ cm^3$

2 $V = V_1 + V_2 = 706{,}5 - 314 = 392{,}5\ cm^3$

Vermischte Übungen

Zu Seite 58

1 $V = 12 \cdot 6 \cdot 15$
$V = 1\,080\ cm^3$
$A_O = 2 \cdot 12 \cdot 15 + 2 \cdot 12 \cdot 6 + 2 \cdot 6 \cdot 15$
$A_O = 684\ cm^2$

2 a) $V = 120\ cm^3$ b) $V = 900\ cm^3$ c) $V = 1\,200\ cm^3$

Lösungen

3

	a)	b)	c)	d)	e)	f)
Grundfläche (A_G)	23,8 cm²	45 cm²	11,1 cm²	**40 cm²**	**5,1 cm²**	20 cm²
Körperhöhe (h)	10 cm	6 cm	7 cm	9 cm	8 cm	**30 cm**
Volumen (V)	**238 cm³**	**270 cm³**	**77,7 cm³**	360 cm³	40,8 cm³	600 cm³

4 a) $V = 10{,}8\ cm^2 \cdot 13\ cm$; $V = 140{,}4\ cm^3$
A: Es passen 140,4 cm³ Schokolade in die Verpackung.
b) $A_M = (5\ cm + 5\ cm + 5\ cm) \cdot 13\ cm$; $A_M = 195\ cm^2$
A: Die Mantelfläche beträgt 195 cm².

Graphen von Funktionen

Zu Seite 59

1

Bücher	
Anzahl	€
1	8
2	16
3	24
4	32
5	40
6	48

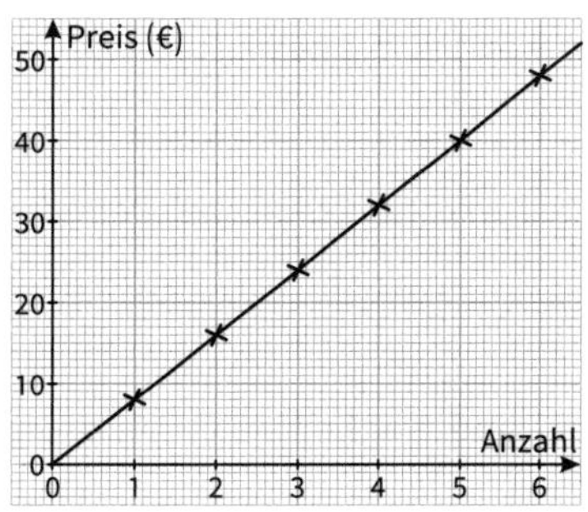

2

Hefte	
Anzahl	€
1	0,50
2	1,00
3	1,50
4	2,00
5	2,50
6	3,00
7	3,50
8	4,00

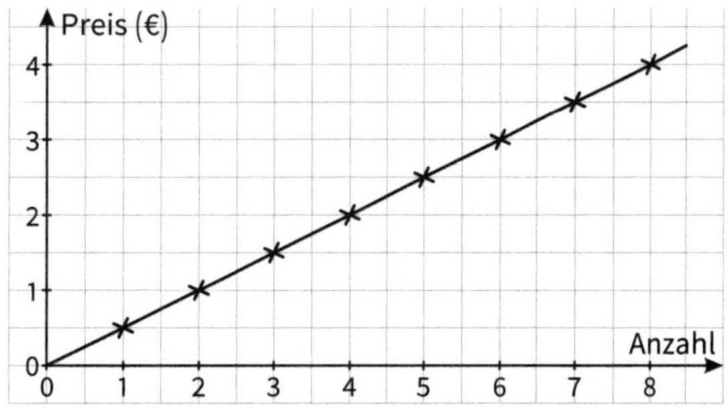

3

Arbeitszeit	
Personen	min
1	60
2	30
3	20
4	15
5	12
6	10

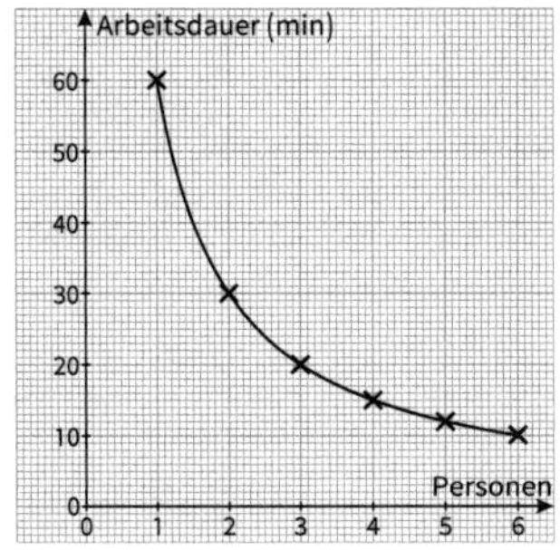

Direkt proportionale Zuordnungen

Zu Seite 60

1 A: Dirk bezahlt für die acht Stifte 3,20 €.

2 a) 2,40 € b) 1,20 € c) 5,00 € d) 3,60 €

3 a) 1 Stuhl: 40 €
4 Stühle: 160 €
b) 1 Bilderrahmen: 6 €
2 Bilderrahmen: 12 €
c) 1 Regalbrett: 5,10 €
7 Regalbretter: 35,70 €

4 a) Die Kundin bezahlt 60 €. b) Der Kunde bezahlt 15 €. c) Die Kundin bezahlt 52,50 €.

5 a) Preis für 7 Gartenstühle: 189 € b) Preis für 5 Sessel: 375 €

Indirekt proportionale Zuordnungen

Zu Seite 61

1 A: Die vier Mädchen benötigen 5 Minuten für die Arbeit.

2 a) 20 min b) 4 min c) 16 min

3 A: Der Futtervorrat reicht für 5 Tage.

4 a) 4 Tiger: 6 Tage
b) 1 Seehund: 80 Tage
20 Seehunde: 4 Tage
c) 100 Vögel: 14 Tage
200 Vögel: 7 Tage

5 a) 6 Lkw: 10 Fahrten b) 3 Lkw: 24 Fahrten c) 9 Lkw: 16 Fahrten

---

Direkt und indirekt proportionale Zuordnungen

Zu Seite 62

1 a) Direkt proportional (Ergebnis: 5 Leselampen kosten 75 €.)
b) Indirekt proportional (Ergebnis: Jeder Lkw muss 5-mal fahren.)
c) Direkt proportional (Ergebnis: Die Hälfte der Farbe reicht für 10 m^2.)
d) Indirekt proportional (Ergebnis: Der Futtervorrat reicht für 3 Wochen.)

Lösungen

2 a)

Warentransport	
Lkw	Fahrten
3	8
1	**24**
4	**6**

indirekt proportional

b)

Kosten	
Stühle	€
5	150
1	**30**
2	**60**

direkt proportional

c)

Lackieren	
Maler	min
2	60
1	**120**
3	**40**

indirekt proportional

3 A: In einer Stunde legt das Auto 110 km zurück.

4 A: In einer Stunde sind das 90 km.

5 A: Es müssen 3 Gabelstapler eingesetzt werden.

Direkt und indirekt proportionale Zuordnungen

Zu Seite 63

1 a) A: Für 10 Tiere wird 15 kg Spezialfutter benötigt. (direkt proportional)
b) A: 25 kg Spezialfutter kosten 100 €. (direkt proportional)
c) A: 2 Personen benötigen 60 Minuten. (indirekt proportional)
d) A: 6 Personen benötigen für die Reinigung der Ställe 2 Stunden. (indirekt proportional)

2 a)

Anzahl	1	2	3	4	5	6
min	120	60	40	30	24	20

indirekt proportional

b)

kg	1	2	3	4	5	6
€	5,10	10,20	15,30	20,40	25,50	30,60

direkt proportional

3 a)

Füttern	
Helfer	min
3	60
6	**30**

indirekt proportional

b)

Futterkosten	
kg	€
9	45,90
10	**51,00**

direkt proportional

c)

Eintrittspreise	
Kinder	€
5	17,50
7	**24,50**

direkt proportional

d)

Pflegen	
Helfer	min
2	48
3	**32**

indirekt proportional

Lineare Funktionen

Zu Seite 64

1 a)

Wassermenge	
min	ℓ
0	20
1	25
2	30
3	**35**
4	**40**
5	**45**
6	**50**
7	**55**
8	**60**

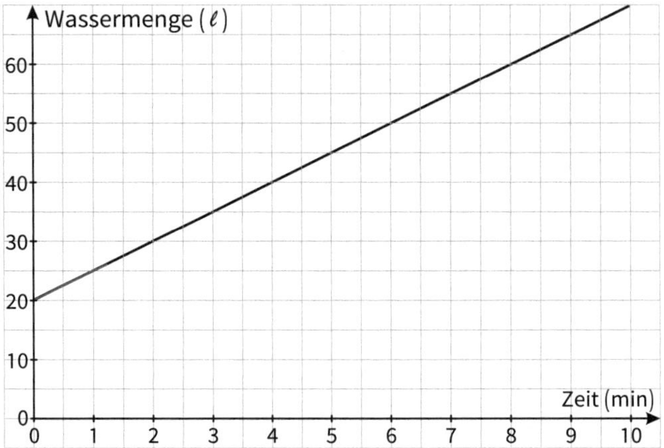

b) A: Nach 10 Minuten sind 70 ℓ Wasser im Aquarium.

2 a)

Wassermenge	
min	ℓ
0	30
1	36
2	42
3	**48**

b)

Wassermenge	
min	ℓ
0	50
1	60
2	70
10	**150**

c)

Wassermenge	
min	ℓ
0	40
1	45
2	50
4	**60**

3 a)

Kosten	
km	€
0	3,00
1	4,50
2	6,00
3	7,50
4	**9,00**
5	**10,50**
6	**12,00**
7	**13,50**

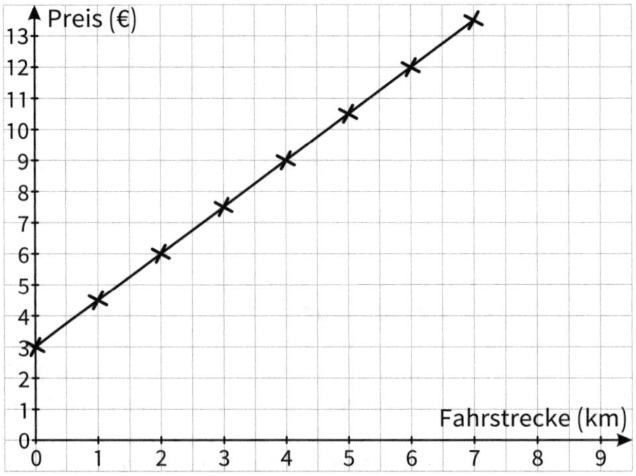

Lösungen

Lineare Funktionen

Zu Seite 65

1

Wassermenge	
h	m³
0	160
1	140
2	**120**
3	**100**
4	**80**
5	**60**
6	**40**
7	**20**
8	**0**

2

Wassermenge	
h	m³
0	300
1	250
2	200
3	**150**
4	100
5	**50**
6	**0**

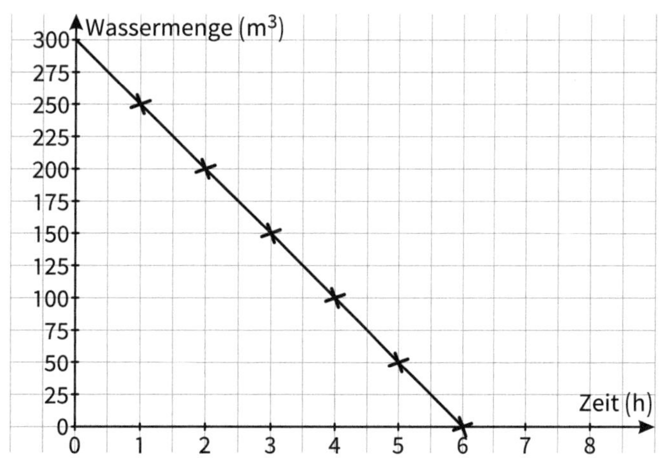

3 Von links nach rechts: 1. Text (Wassertank) gehört zu Schaubild C.
2. Text (Öltank) gehört zu Schaubild A.
3. Text (Futtervorrat) gehört zu Schaubild B.

Vermischte Übungen

Zu Seite 66

1 a) 8 Stifte: 6 € b) 3 Hefte: 1,80 €
c) 20 Minen: 9 € d) 12 Patronen: 9,60 €

2 F: Wie viel Euro muss Frau Hackmann für 10 Schreibblöcke bezahlen?
A: Frau Hackmann muss 20 € für die Schreibblöcke bezahlen.

Anzahl	€
5	10
10	20

3 a)

h	€
5	**42,50**
1	**8,50**
6	**51,00**

Lohn für 6 Arbeitsstunden: **51 €**

b)

h	€
2	**18**
1	**9**
40	**360**

Lohn für 40 Arbeitsstunden: **360 €**

4 a) 6 Maler: 4 h b) 1 Maschine: 24 h c) 4 Lkws: 5 h

5 a)

Müll entsorgen	
Personen	min
5	30
1	**150**
3	**50**

b)

Ställe kontrollieren	
Personen	min
6	10
1	**60**
5	**12**

c)

Fenster putzen	
Personen	min
4	60
1	**240**
6	**40**

6 F: Wie viel muss Frau Jansen bezahlen?
A: Frau Jansen muss für die Strecke 15,50 € bezahlen.

km	€
0	3,50
1	5,00
8	15,50

Körper erkennen

Zu Seite 67

1 Zelt: Pyramide Fußball: Kugel Dose: Zylinder Partyhut: Kegel Streichholzschachtel: Quader

2 Netz (1) – Prisma; Netz (2) – Kegel; Netz (3) – Würfel; Netz (4) – Quader; Netz (5) – Zylinder; Netz (6) – Pyramide

3 a) Prisma b) Würfel c) Zylinder d) Quader e) Pyramide f) Kegel

Volumen einer Pyramide

Zu Seite 68

1 a) $V = 243\ m^3$ b) $V = 8\,640\ m^3$ c) $V = 216\,666{,}67\ m^3$

2 a) $V = 135\ cm^3$ b) $V = 320\ cm^3$ c) $V = 468{,}75\ cm^3$

Volumen eines Kegels

Zu Seite 69

1 a) $V = 84\ cm^3$ b) $V = 150\ m^3$ c) $V = 144\ m^3$

2 a) $V \approx 461{,}58\ cm^3$ b) $V = 251{,}2\ cm^3$ c) $V = 235{,}5\ cm^3$

Lösungen

Volumen einer Kugel

Zu Seite 70

1 a) $137\,188{,}7\ cm^3$ b) $14\,130\ cm^3$ c) $2{,}14\ m^3$

2 a) $r = 13\ cm$; $V \approx 9\,198\ cm^3$ b) $r = 15{,}5\ cm$; $V \approx 15\,590{,}6\ cm^3$
c) $r = 9{,}4\ cm$; $V \approx 3\,477{,}4\ cm^3$

Üben: Sachaufgaben

Zu Seite 71

1 $G = 706{,}5\ cm^3$; $V = 4\,474{,}5\ cm^3$. Der Kegel enthält $4\,474{,}5\ cm^3$ Gewürz.

2 $G = 52\,900\ m^2$; $V \approx 2\,468\,666{,}67\ m^3$, $V \approx 2\,470\,000\ m^3$.
Das Volumen der Pyramide beträgt ungefähr $2\,470\,000\ m^3$.

3 $r = 11{,}5\ m$; $V \approx 6\,367{,}4\ m^3$.

Vermischte Übungen

Zu Seite 72

1

a)	Der Körper hat nur eine Fläche.	**Kugel**
b)	Der Körper hat genau zwei Flächen.	**Kegel**
c)	Eine Fläche ist ein Quadrat, vier Flächen sind Dreiecke.	**Pyramide**
d)	Er hat drei Flächen: zwei Kreise und eine gekrümmte Fläche.	**Zylinder**

2 a) $V = \frac{36 \cdot 7}{3}$ b) $V = \frac{36 \cdot 5}{3}$ c) $V = \frac{11 \cdot 3{,}5}{3}$

$V = 84\ m^3$ $V = 60\ m^3$ $V = 12{,}83\ m^3$

3 a) $V = 243\ cm^3$ b) $V = 235{,}5\ cm^3$ c) $V = 523{,}33\ cm^3$

Schätzen und Überschlagen

Zu Seite 73

1

Zeit	1 Monat	1 Jahr
Herzschläge	3 000 000	36 000 000

A: In einem Jahr schlägt das Herz eines Menschen ungefähr 36 000 000 mal.

2

Zeit	1 Minute	1 Stunde	1 Tag
Blut	5 ℓ	300 ℓ	7 200 ℓ ≈ 7 000 ℓ

Zeit	1 Monat	1 Jahr
Blut	210 000 ℓ ≈ 200 000 ℓ	2 400 000 ℓ

A: Das Herz pumpt ungefähr 2 400 000 ℓ Blut in einem Jahr.

Lösungen

3

Zeit	1 Tag	1 Monat	1 Jahr
Schlaf	8 h	240 h ≈ 250 h	3 000 h

A: Ein erwachsener Mensch schläft ungefähr 3 000 h in einem Jahr.

4

Zeit	1 Tag	1 Monat	1 Jahr
Nahrung	2,5 kg ≈ 3 kg	90 kg ≈ 100 kg	1 200 kg

Schätzen und Überschlagen

Zu Seite 74

1 falsch (Sie frisst ca. 1 200 kg Gräser)
wahr
falsch (Sie frisst ca. 1 500 kg Heu)
wahr, wenn man von einem Körpergewicht von 6000 kg ausgeht.

2

Zeit	1 Tag	1 Monat	1 Jahr
Äpfel	6 kg	180 kg ≈ 200 kg	2 400 kg

Zeit	1 Tag	1 Monat	1 Jahr
Möhren	4 kg	120 kg ≈ 100 kg	1 200 kg

Zeit	1 Tag	1 Monat	1 Jahr
Brot	1,5 kg	45 kg ≈ 50 kg	600 kg

3 a) Elefant Rico

Zeit	1 Tag	1 Monat	1 Jahr
Heu	100 kg	3 000 kg	36 000 kg

b) Nashorn Ina

Zeit	1 Tag	1 Monat	1 Jahr
Heu	50 kg	1 500 kg	18 000 kg

c) Gorilla Ben

Zeit	1 Tag	1 Monat	1 Jahr
Gemüse	6 kg	180 kg ≈ 200 kg	2 400 kg

d) Flusspferd Ella

Zeit	1 Tag	1 Monat	1 Jahr
Gräser	40 kg ≈ 50 kg	1 500 kg	18 000 kg

Lösungen

Rückwärtsarbeiten

Zu Seite 75

1

Zu Beginn	Ab 19 Uhr	Ab 20 Uhr	Nach 21 Uhr
162	81	33	0

A: Zu Beginn waren es 162 Besucher.

2

Zu Beginn	:3	Ab 18 Uhr	− 25	Ab 19: 30 Uhr	− 27	Nach 21 Uhr
156 ←	·3	52 ←	+ 25	27 ←	+ 27	0

A: Zu Beginn waren es 156 Besucher.

3

7	·2 →	14	− 8 →	6	·2 →	12
	← :2		← + 8		← :2	

− 8 →	4	·2 →	8	− 8 →	0
← + 8		← :2		← + 8	

A: Emil hatte zu Beginn 7 €.

4 a)

12	:2 →	6	+ 3 →	9	·2 →	18
	← ·2		← − 3		← :2	

− 7 →	11	·3 →	33	+ 9 →	42
← + 7		← :3		← − 9	

A: Die Zahl lautet 12.

b)

15	·3 →	45	− 7 →	38	:2 →	19
	← :3		← + 7		← ·2	

+ 6 →	25	·2 →	50	− 5 →	45
← − 6		← :2		← + 5	

A: Die Zahl lautet 15.

Lösungen

Systematisches Probieren

Zu Seite 76

1 a)

a	b	A = a · b
1 cm	40 cm	40 cm²
2 cm	20 cm	40 cm²
4 cm	10 cm	40 cm²
5 cm	8 cm	40 cm²
8 cm	5 cm	40 cm²
10 cm	4 cm	40 cm²
20 cm	2 cm	40 cm²
40 cm	1cm	40 cm²

b)

a	b	A = a · b
1 cm	30 cm	30 cm²
2 cm	15 cm	30 cm²
3 cm	10 cm	30 cm²
5 cm	6 cm	30 cm²
6 cm	5 cm	30 cm²
10 cm	3 cm	30 cm²
15 cm	2 cm	30 cm²
30 cm	1cm	30 cm²

2 a)

1	2	4	8	16	32	64	Summe
		x	x	x	x		60
	x	x				x	70
				x		x	80
	x		x	x		x	90
		x			x	x	100

b)

1	2	4	8	16	32	64	Summe
x		x	x	x	x		61
x	x	x				x	71
x				x		x	81
x	x		x	x		x	91
x		x			x	x	101

3

Hasen	Hühner	Füße der Hasen	Füße der Hühner	Füße insgesamt
10	30	40	60	100

4 A: Es befinden sich 3 Spinnen und 8 Käfer im Terrarium.

Alles paletti

Zu Seite 77

1 a) $7x + 5$ b) $4x + 8$ c) $11x + 12$ d) $8x + 14$
e) $4x + 13$ f) $5x + 12$ g) $11 + 4x$ h) $30 - 3x$
i) $2x + 12$ j) $-6x + 36$

Lösungen

2 a)

5·x	
x	Wert des Terms
1	5
2	10
3	15
4	20
5	25

b)

2·x + 8	
x	Wert des Terms
1	10
2	12
3	14
4	16
5	18

c)

7·x − 3	
x	Wert des Terms
1	4
2	11
3	18
4	25
5	32

d)

4·x + 4	
x	Wert des Terms
1	8
2	12
3	16
4	20
5	24

3 a) $x = 3$ b) $x = 7$

4 a) $2x + 5 = 23$; $x = 9$ b) $2x + 4 = x + 8$; $x = 4$
c) $8x + 8 = 48$; $x = 5$ d) $4x + 22 = 46$; $x = 6$

Alles paletti

Zu Seite 78

5

Zinsatz	1 %	3 %	6 %	9 %	10 %	12 %
Zinsen	80 €	240 €	480 €	720 €	800 €	960 €

6 a)

Kapital 600 €	
%	€
100	600
1	6
2	12

Zinsen für ein Jahr: 12 €

b)

Kapital 700 €	
%	€
100	700
1	7
2	14

Zinsen für ein Jahr: 14 €

c)

Kapital 1800 €	
%	€
100	1800
1	18
2	36

Zinsen für ein Jahr: 36 €

7 a)

Kapital 580 €	
%	€
100	580
1	5,80
2	11,60

Zinsen für ein Jahr: 11,60 €
Guthaben am Jahresende: 591,60 €

b)

Kapital 1740 €	
%	€
100	1740
1	17,40
3	52,20

Zinsen für ein Jahr: 52,20 €
Guthaben am Jahresende: 1792,20€

8

Jahreszinsen	
%	€
100	7540
1	75,40
1,2	90,48

Tageszins für 210 Tage: 52,78 €.

Tageszinsen	
Tage	€
360	90,48
1	$0{,}251\bar{3}$
210	52,78

Alles paletti

Zu Seite 79

9 a) Arithmetisches Mittel: 60
b) Rangliste: 37 – 43 – 57 – 63 – 74 – 86
Median: 60
Spannweite: 49

10

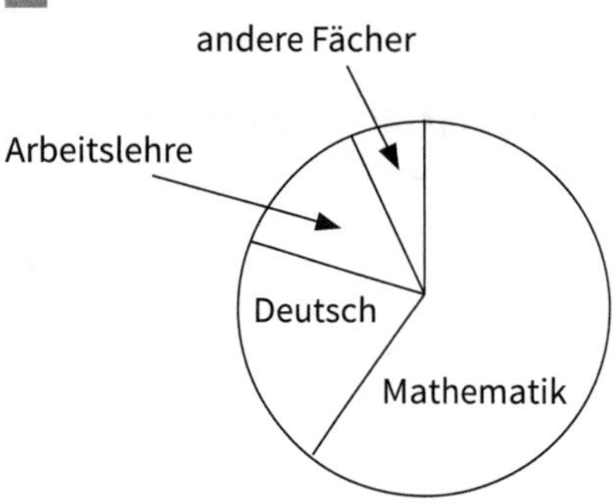

11

	Ereignis	Günstige Ergebnisse	Wahrscheinlichkeit
a)	Es wird eine 5 oder eine 6 gewürfelt.	5; 6	$\frac{1}{3}$
b)	Es wird ein Vielfaches von 3 gewürfelt.	3; 6	$\frac{1}{3}$
c)	Es wird eine gerade Zahl gewürfelt.	2; 4; 6	$\frac{1}{2}$
d)	Es wird eine Zahl größer als 0 gewürfelt.	1; 2; 3; 4;5; 6	1
e)	Es wird eine Zahl kleiner als 5 gewürfelt.	1; 2; 3; 4	$\frac{2}{3}$

12 $c^2 = 2{,}6^2 + 1{,}1^2$; $c^2 = 6{,}76 + 1{,}21$; $c^2 = 7{,}97$; $c = \sqrt{7{,}97}$; $c \approx 2{,}82$
Die Stützen sind 2,82 m lang.

Alles paletti

Zu Seite 80

13 a) 4 cm b) 4,8 cm

14 a) Volumen = 54 000 cm^3 b) Volumen = 70 000 cm^3

15 a) $V = 36\ cm^2 \cdot 4\ cm$
$V = 144\ cm^3$
b) $V = 14\ cm^2 \cdot 6\ cm$
$V = 84\ cm^3$
c) $V = 12\ cm^2 \cdot 14\ cm$
$V = 168\ cm^3$

Alles paletti

Zu Seite 81

16

	a)	b)	c)	d)	f)	g)
Grundfläche (A_G)	55 cm^2	25 cm^2	60 cm^2	**20 cm^2**	**30 cm^2**	40 cm^2
Körperhöhe (h_k)	10 cm	6 cm	7 cm	5 cm	6 cm	**5 cm**
Volumen (V)	**550 cm^3**	**150 cm^3**	**420 cm^3**	100 cm^3	180 cm^3	200 cm^3

Lösungen

17 $A_M = (6\ cm + 8\ cm + 4\ cm) \cdot 5\ cm$
$A_M = 18\ cm \cdot 5\ cm$
$A_M = 90\ cm^2$

$A_O = 2 \cdot A_G + A_M$
$A_O = 2 \cdot 11{,}6\ cm^2 + 90\ cm^2$
$A_O = 113{,}2\ cm^2$

18 a) A: Es passen 1,6 m^3 Sand in eine Kiste.

b) A: Es werden 8,8 m^2 Holz für eine Kiste benötigt.

19 a) $A_G = 4 \cdot 2$; $A_G = 8\ cm^2$
$V = 56\ cm^3$

b) $A_G = \frac{3 \cdot 2}{2}$; $A_G = 3\ cm^2$
$V = 12\ cm^3$

c) $A_G \approx 3{,}14 \cdot 3^2$; $A_G \approx 28{,}26\ cm^2$
$V \approx 254{,}34\ cm^3$

d) $A_G \approx 3{,}14 \cdot 4^2$; $A_G \approx 50{,}24\ cm^2$
$V \approx 251{,}2\ cm^3$

Alles paletti

Zu Seite 82

20 a) $A_G = \pi \cdot r^2$; $A_G = 3{,}14 \cdot 2^2$; $A_G = 12{,}56\ cm^2$;
$V = G \cdot h_k$; $V = 12{,}56 \cdot 7$; $\mathbf{V = 87{,}92\ cm^3}$

b) $M = \pi \cdot d \cdot h_k$; $M = 3{,}14 \cdot 4 \cdot 7$; $\mathbf{M = 87{,}92\ cm^2}$

21 F: Wie viel muss Herr Schulte für die 9 Kleberollen bezahlen?
A: Herr Schulte muss 45 € bezahlen.

22 a)

Batterien	
Anzahl	€
2	1,80
1	**0,90**
5	**4,50**

b)

Glühlampen	
Anzahl	€
3	4,20
1	**1,40**
2	**2,80**

c)

Knicklichter	
Anzahl	€
4	1,60
1	**0,40**
7	**2,80**

23 a)

Anzahl	€
5	3,50
1	0,70
12	8,40
Preis für 12 Stifte: 8,40 €	

b)

Anzahl	€
4	1,00
1	0,25
7	1,75
Preis für 7 Patronen: 1,75 €	

24 a)

h	km
3	39
1	13

Pro Stunde legt Paolo 13 km zurück.

Alles paletti

Zu Seite 83

25 a)

LKW	Fahrten
2	10
1	20
5	**4**

b)

LKW	Fahrten
3	12
1	36
4	**9**

c)

LKW	Fahrten
5	9
1	45
3	**15**

26 a)

Arbeitszeit	
Personen	h
5	10
1	**50**
2	**25**
indirekt proportional	

b)

Preis	
Bohrer	€
2	9,00
1	**4,50**
3	**13,50**
direkt proportional	

c)

Fahrtdauer	
km	h
300	6
100	**2**
400	**8**
direkt proportional	

27 A: Es können 75 Portionen zu je 40 g gefüllt werden.

28 A: Frau Blauert verdient in 9 Stunden 153 Euro.

29 F: Wie oft müssen 4 Lkw fahren? A: Sie müssen jeweils dreimal fahren.

Alles paletti

Zu Seite 84

30 a) $V = 224\ cm^3$ b) $V = 3400\ cm^3$ c) $V = 230{,}64\ cm^3$

31 a) $V = \frac{14 \cdot 6}{3}$
$V = 28\ cm^3$

b) $V = \frac{530 \cdot 46}{3}$
$V \approx 8\,126{,}67\ cm^3$

c) $V = \frac{7{,}2 \cdot 4{,}4}{3}$
$V = 10{,}56\ cm^3$

Lösungen

Beilage zum Förderheft Mathematik 8 Ost

Bildquellennachweis
|Wojczak, Michael, Braunschweig: 8.1, 8.2, 9.1, 9.2, 9.3, 9.4, 9.5, 10.1, 10.2, 11.1, 12.1, 12.2, 12.3, 15.1, 16.1, 17.1, 17.2, 17.3, 17.4, 18.1, 18.2, 19.1, 19.2, 22.1, 22.2, 23.1, 25.1, 25.2, 26.1.

978-3-14-**152475**-0

Oberflächeninhalt eines Prismas

Der Oberflächeninhalt eines Prismas ist die Summe seiner Einzelflächen.
Für alle Prismen gilt: **Flächeninhalt des Mantels $A_M = u \cdot h_k$**
Oberflächeninhalt eines Prismas $A_O = 2 \cdot A_G + A_M$

1 Berechne zuerst die Mantelfläche und dann den Oberflächeninhalt des Prismas. Der Flächeninhalt der Grundfläche ist gegeben.

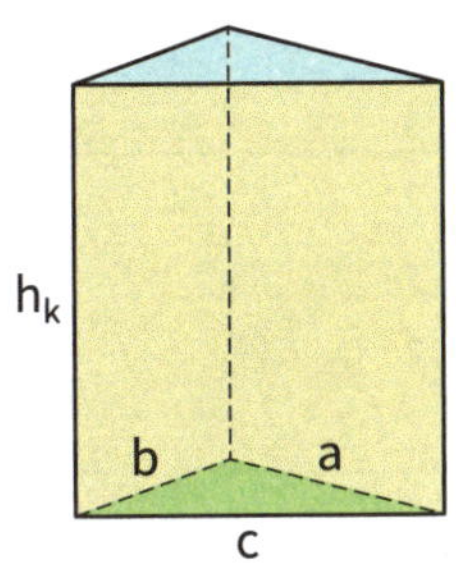

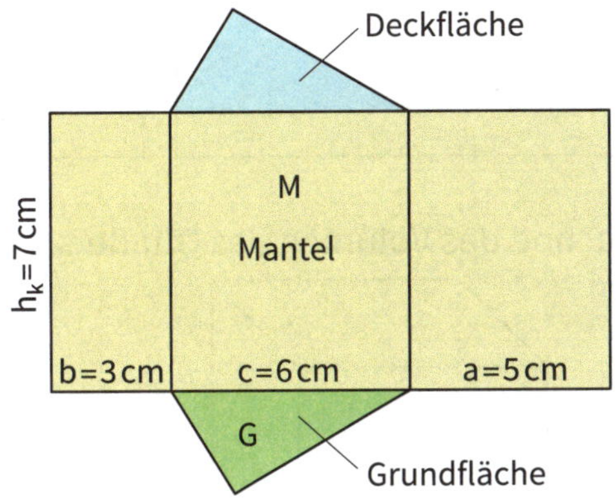

Grundfläche: $A_G = 7{,}5\ \text{cm}^2$

Mantelfläche:

$A_M = (a + b + c) \cdot h_k$

$A_M = (\_\_\_ + \_\_\_ + \_\_\_) \cdot \_\_\_$

$A_M = \_\_\_ \cdot \_\_\_$

$A_M = \_\_\_\_\_\_\ \text{cm}^2$

$a = 5$ cm, $b = 3$ cm, $c = 6$ cm, $h_k = 7$ cm

$A_O = 2 \cdot A_G + A_M$

$A_O = 2 \cdot \_\_\_ + \_\_\_$

$A_O = \_\_\_\_\_\_\ \text{cm}^2$

2 Färbe im Netz des Prismas Grundfläche und Deckfläche blau und die Mantelfläche gelb. Berechne den Oberflächeninhalt.

a)

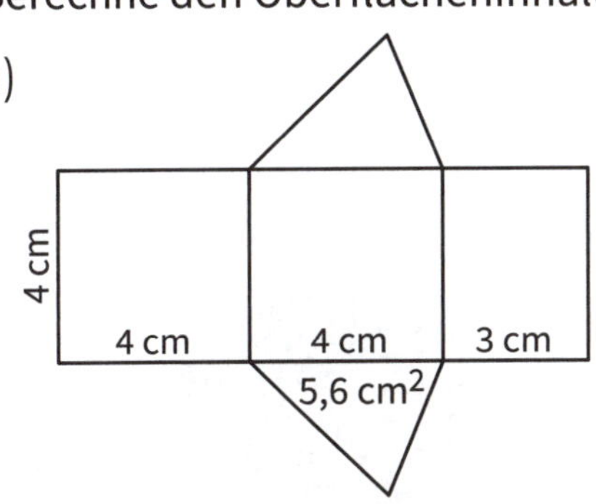

$A_O = 2 \cdot A_G + A_M$

$A_O = 2\ \_\_\_ + \_\_\_$

$A_O = \_\_\_\_\_\_\ \text{cm}^2$

$A_G =$

$A_M =$

b)

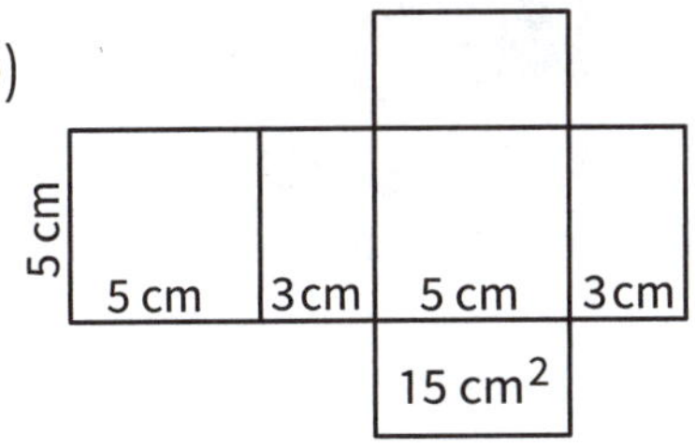

$A_O = \_\_\_\_\_\_$

$A_O = \_\_\_\_\_\_$

$A_O = \_\_\_\_\_\_$

$A_G =$

$A_M =$

c)

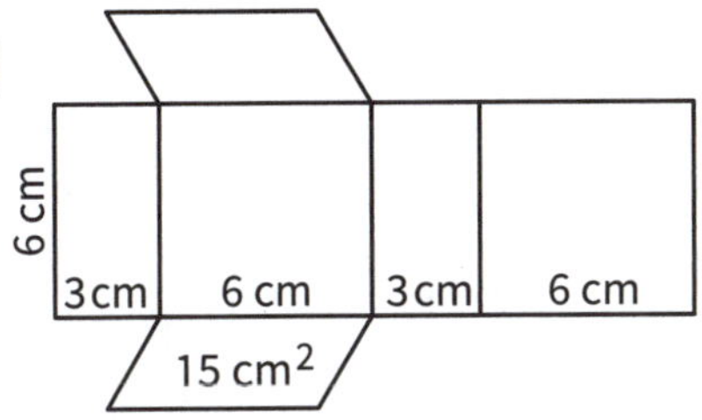

$A_O = \_\_\_\_\_\_$

$A_O = \_\_\_\_\_\_$

$A_O = \_\_\_\_\_\_$

$A_G =$

$A_M =$

Volumen eines Quaders

1 Ina und Kai berechnen das Volumen des Quaders auf verschiedenen Wegen. Vervollständige beide Rechnungen. Beachte: Körperhöhe $h_k = c$

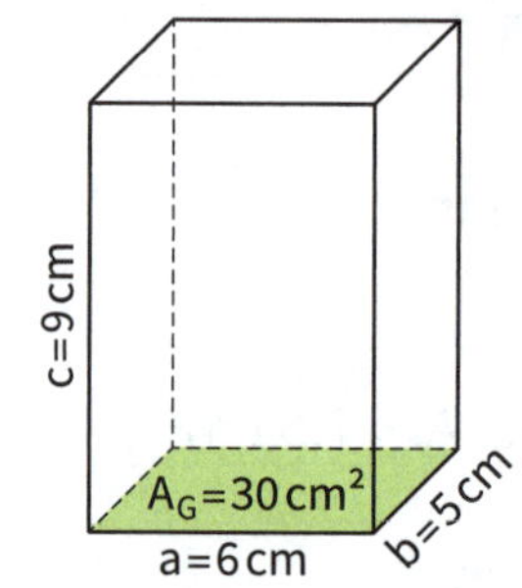

Volumen:
$V = \text{Länge} \cdot \text{Breite} \cdot \text{Höhe}$
$V = a \cdot b \cdot c$
V = ______ · ______ · ______
V = ______ cm³

Volumen:
$V = \text{Grundfläche} \cdot \text{Körperhöhe}$
$V = A_G \cdot h_k$
V = ______ · ______
V = ______ cm³

2 Die Grundfläche ist gegeben. Berechne das Volumen des Quaders.

a)

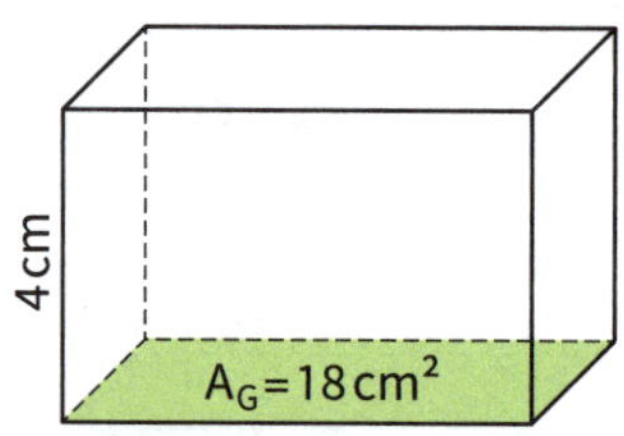

$V = A_G \cdot h_k$
V = ______ · ______
V = ______ cm³

b)

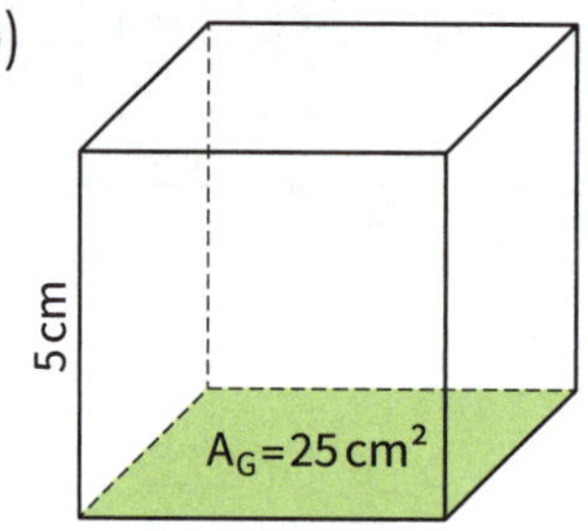

$V = A_G \cdot h_k$
V = ______ · ______
V = ______ cm³

c)

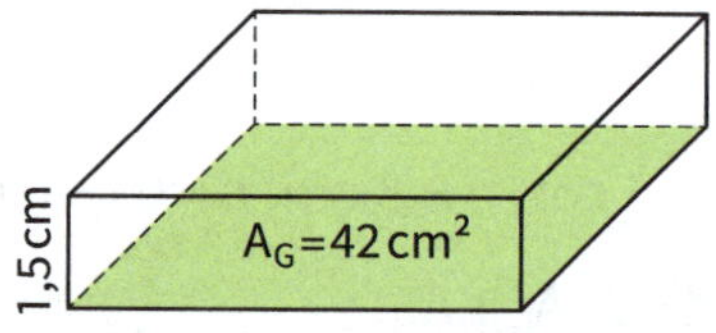

$V = A_G \cdot h_k$
V = ______ · ______
V = ______ cm³

3 Berechne das Volumen. Wähle selbst den Rechenweg.

a)

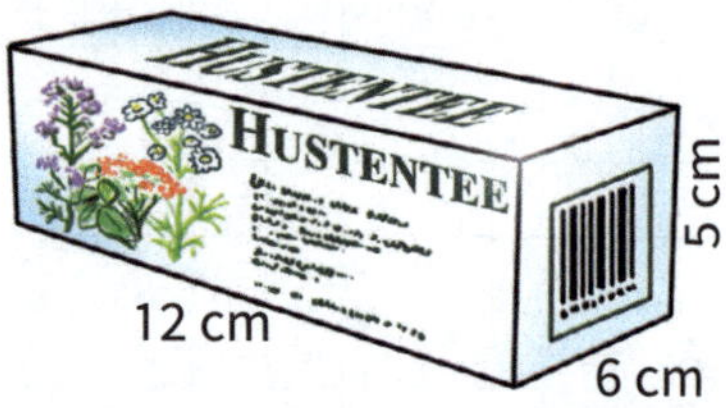

Volumen: ______

b)

Volumen: ______

c)

Volumen: ______

Volumen eines Prismas

Für alle Prismen gilt:	**Volumen = Flächeninhalt der Grundfläche · Körperhöhe** $\mathbf{V = A_G \cdot h_k}$

1 Der Flächeninhalt der Grundfläche ist gegeben. Berechne das Volumen des Prismas.

a)

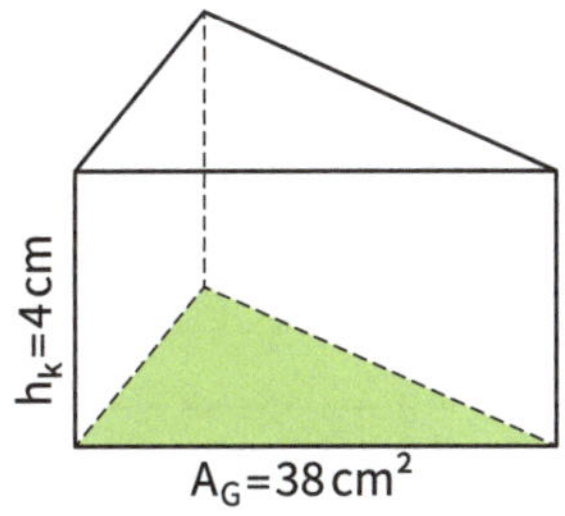

$V = A_G \cdot h_k$

V = ________ · ________

V = ________ cm³

b)

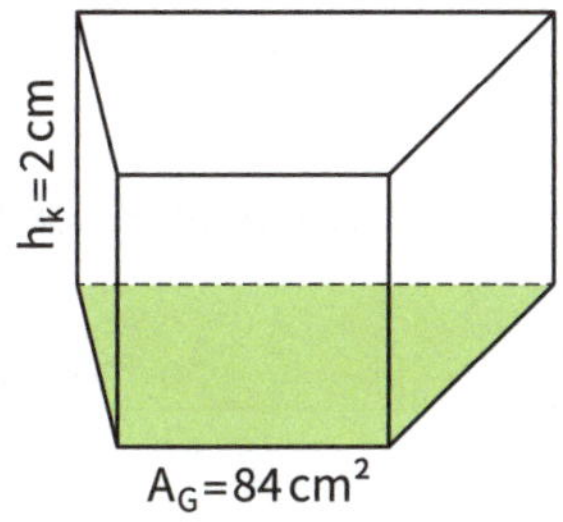

$V = A_G \cdot h_k$

V = ________ · ________

V = ____________________

c)

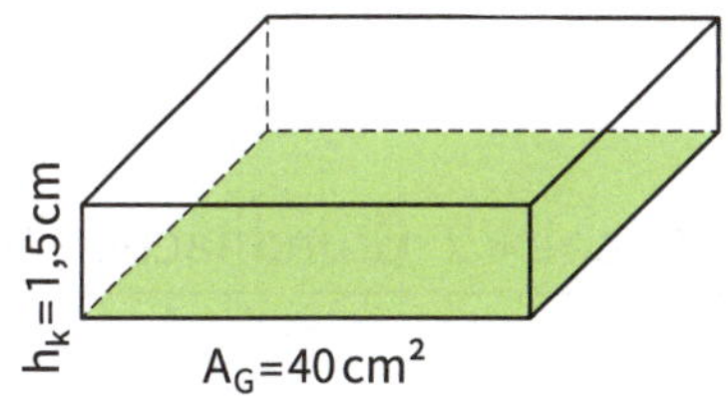

$V = A_G \cdot h_k$

V = ____________________

V = ____________________

2 Das Prisma muss nicht auf seiner Grundfläche stehen. Färbe die Grundfläche des Prismas. Berechne das Volumen.

a)

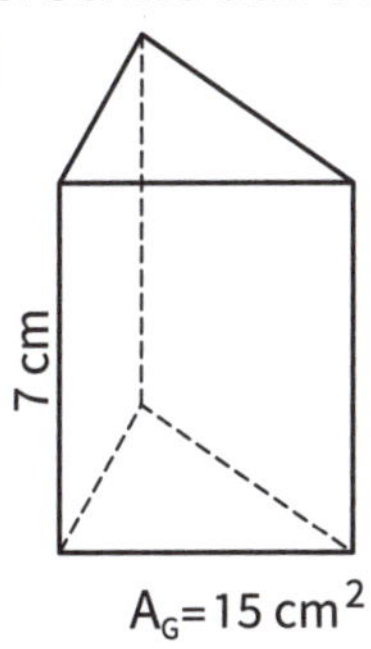

$V = A_G \cdot h_k$

V = ________ · ________

V = ________ cm³

b)

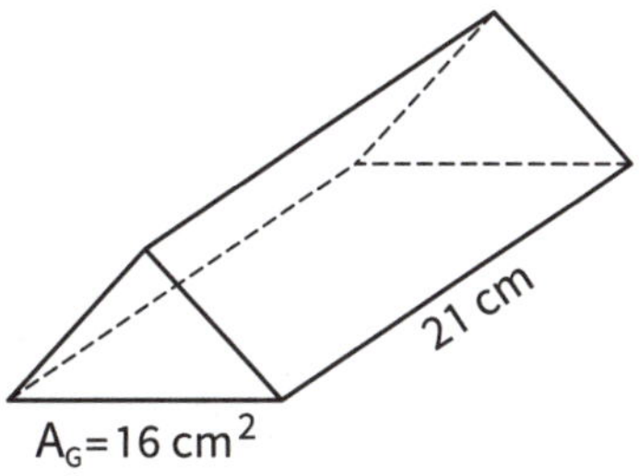

V = ____________________

V = ____________________

V = ____________________

c)

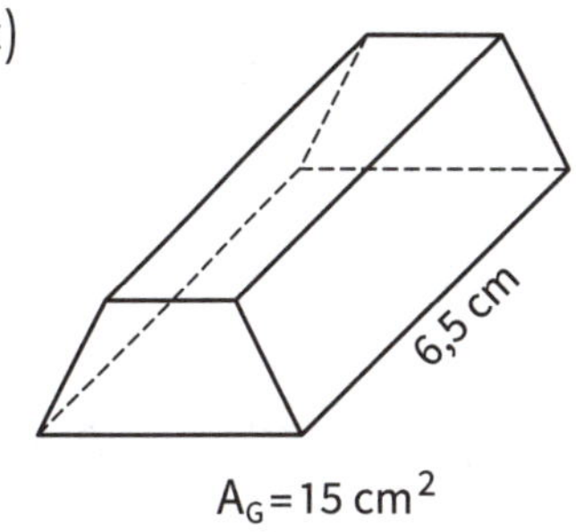

V = ____________________

V = ____________________

V = ____________________

3 Bestimme den fehlenden Wert für das Prisma.

	a)	b)	c)	d)	e)	f)
Grundfläche (A_G)	55 cm²	25 cm²	60 cm²			40 cm²
Körperhöhe (h_k)	10 cm	6 cm	7 cm	5 cm	6 cm	
Volumen (V)				100 cm³	180 cm³	200 cm³

Oberflächeninhalt eines Zylinders

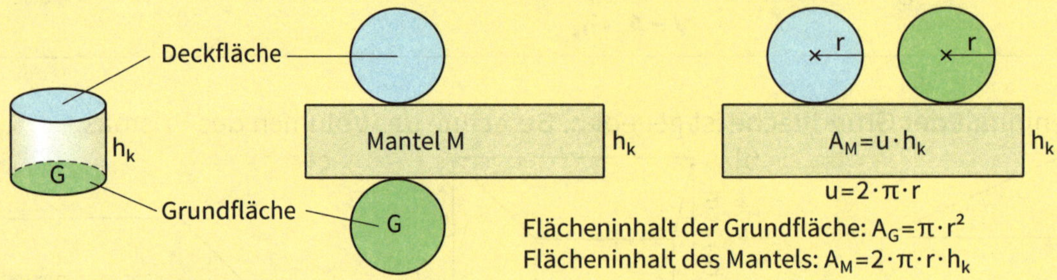

Flächeninhalt der Grundfläche: $A_G = \pi \cdot r^2$
Flächeninhalt des Mantels: $A_M = 2 \cdot \pi \cdot r \cdot h_k$

Oberfläche = 2 · Grundfläche + Mantelfläche $\qquad A_O = 2 \cdot A_G + A_M$

1 Berechne zuerst die Grundfläche und die Mantelfläche, dann die Oberfläche des Zylinders.

a)

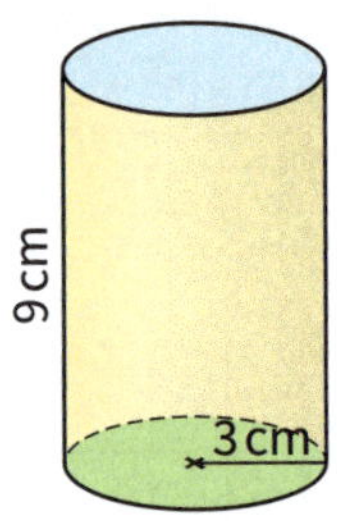

$A_O = 2 \cdot A_G + A_M$

$A_O =$ ______

$A_O =$ ______

$A_G = \pi \cdot r^2$ $\qquad A_M = 2 \cdot \pi \cdot r \cdot h_k$

$A_G =$ $\qquad A_M = 2 \cdot \pi \cdot 3\,cm \cdot 9\,cm$

$A_G =$ $\quad cm^2$ $\qquad A_M =$ $\quad cm^2$

b)

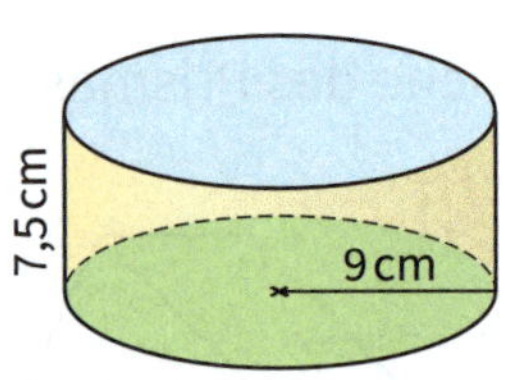

$A_O =$ ______

$A_O =$ ______

$A_O =$ ______

$A_G =$ $\qquad A_M =$

$A_G =$ $\qquad A_M =$

$A_G =$ $\qquad A_M =$

c)

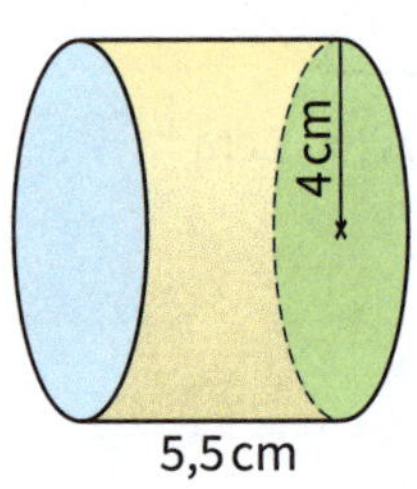

$A_O =$ ______

$A_O =$ ______

$A_O =$ ______

$A_G =$ $\qquad A_M =$

2 Wie viel cm^2 Blech werden für die Herstellung der Dose benötigt?

A: ______

Volumen eines Zylinders

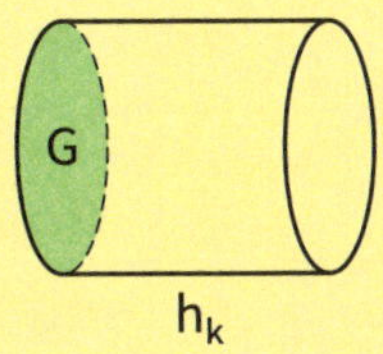

Volumen = Grundfläche · Körperhöhe

$V = A_G \cdot h_k \qquad V = \pi \cdot r^2 \cdot h_k$

1 Die Grundfläche ist gegeben. Berechne das Volumen des Zylinders.

a)

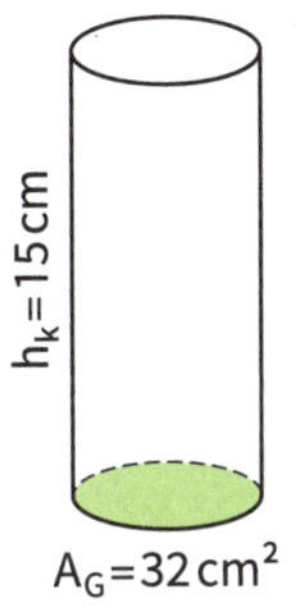

$V = A_G \cdot h_k$

V = ______ · ______

V = ______ cm^3

b)

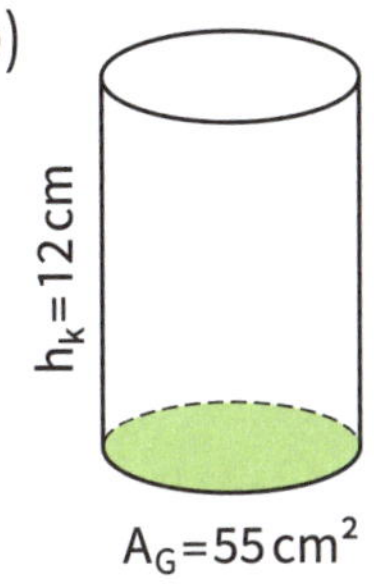

$V = A_G \cdot h_k$

V = ______ · ______

V = ______ cm^3

c)

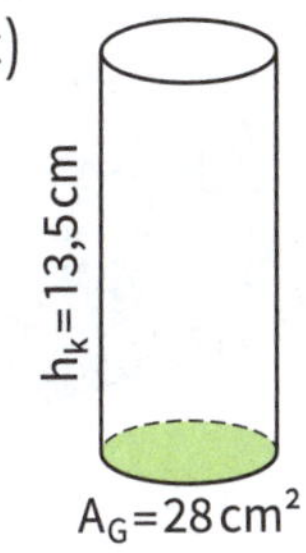

$V = A_G \cdot h_k$

V = ______ · ______

V = ______ cm^3

2 Berechne zuerst die Grundfläche und dann das Volumen des Zylinders.

a)

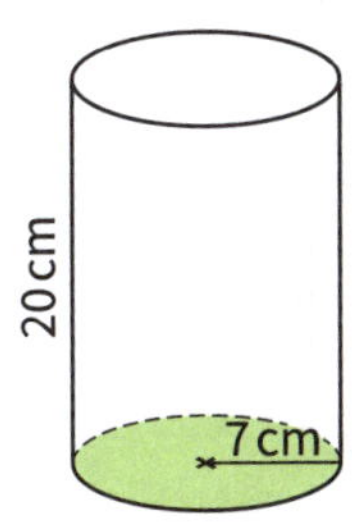

V = ______

V = ______

V = ______

$A_G = \pi \cdot r^2$

$A_G = 3{,}14 \cdot (7\,cm)^2$

$A_G =$ ______ cm^2

b)

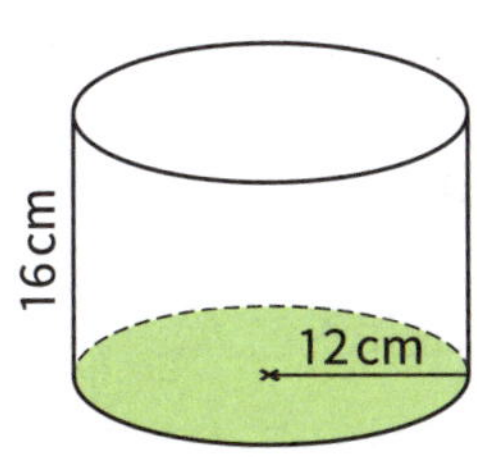

V = ______

V = ______

V = ______

$A_G =$

3 Wie viel m^3 Öl passen in den Tank?

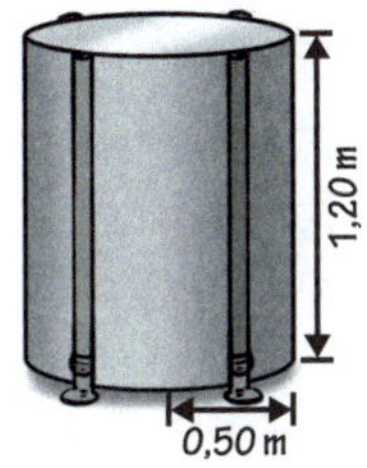

A: ______

Üben: Volumen und Oberflächeninhalt eines Prismas

1 Berechne das Volumen und den Oberflächeninhalt der Schmuckdose.

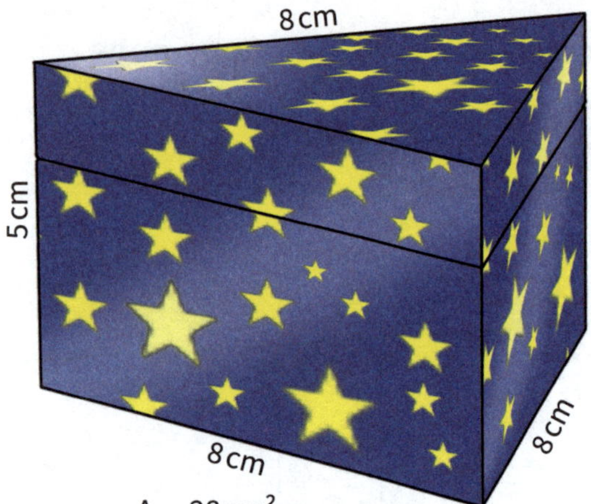

$A_G = 28\,cm^2$

V = ______

V = ______

V = ______

A_O = ______

A_O = ______

A_O = ______

2 Welcher Körper hat das größere Volumen?

A

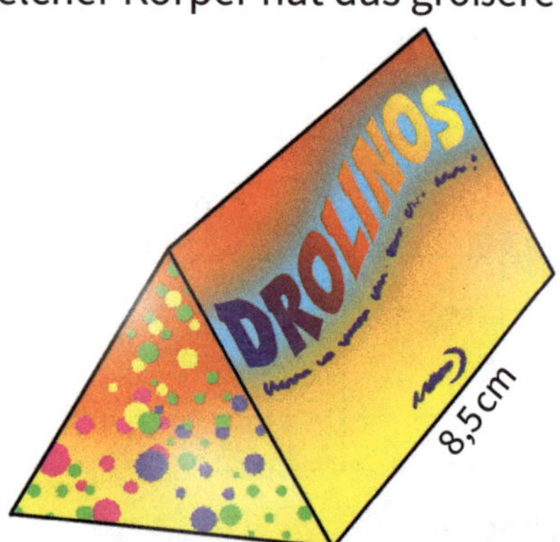

$A_G = 10{,}8\,cm^2$

B

$A_G = 23{,}4\,cm^2$

A: ______

3 Auf dem Pausenhof wird eine Kiste mit Streusand für den Winter aufgestellt.

a) Wie viel m^2 Holz werden für die rechteckige Kiste mindestens benötigt?

b) Die Kiste wird bis zum Rand mit Sand gefüllt. Wie viel m^3 Sand passen hinein?

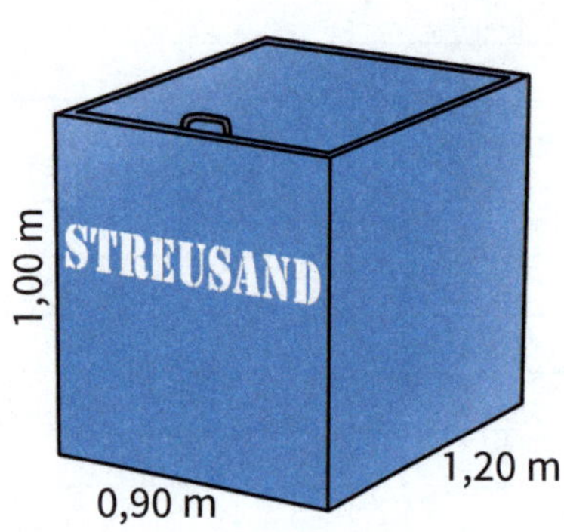

A: ______

Üben: Sachaufgaben

1 Im Fachgeschäft wird ein Fahrradanhänger mit den angegebenen Maßen angeboten.

a) Berechne das Volumen des Anhängers.
V = ____________

b) 1 m^3 Sand wiegt 1 800 kg pro m^3.
Darf der Anhänger randvoll mit Sand befüllt werden?
A: ____________

2 Die Abbildung zeigt den Querschnitt eines Deiches.
Wie viel m^3 Erde werden für einen 80 m langen Deichabschnitt benötigt?

A: ____________

3 Aquarien gibt es mit verschiedenen Grundflächen. Berechne für jedes Aquarium das Volumen.
Gib das Fassungsvermögen in Litern an (1 000 cm^3 = 1 ℓ).

a)

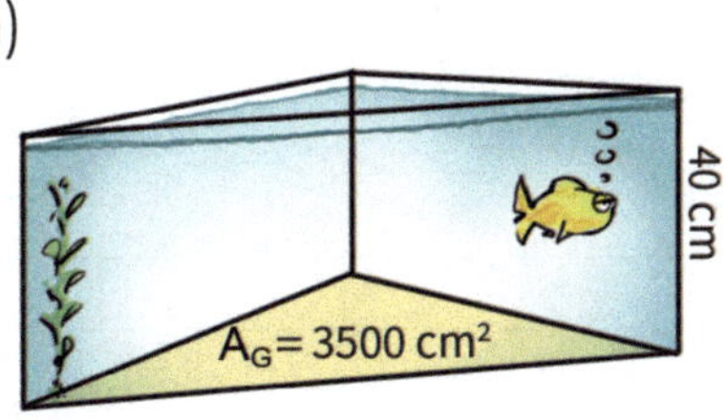

b)

c)

Fassungsvermögen: ______ ℓ   Fassungsvermögen: ______ ℓ   Fassungsvermögen: ______ ℓ

Üben: Volumen und Oberflächeninhalt eines Zylinders

1 Getreide wird in zylinderförmigen Silos gelagert. Ein Silo ist bis zum Rand gefüllt. Wie viel m³ Getreide lagern in einem Silo?

Höhe
$h_k = 7$ m

Grundfläche
$A_G = 80$ m²

A: ______________________________

2 Schmieröl für landwirtschaftliche Maschinen wird in Metallfässern verkauft. Welches der beiden Fässer hat das größere Volumen?

A

Grundfläche:
1,15 m²
Höhe: 0,9 m

B

Grundfläche:
0,8 m²
Höhe: 1,25 m

A: ______________________________

3 Heuballen haben annähernd die Form eines Zylinders. Zum Schutz vor Feuchtigkeit werden sie in Folie eingeschweißt. Wie viel m² Folie werden für einen Heuballen benötigt?

Höhe
$h_k = 1{,}20$ m

Grundfläche
$A_G = 0{,}8$ m²

Radius
$r = 0{,}50$ m

A: ______________________________

4 Wie groß ist die Fläche der Plakatsäule, die beklebt werden kann?

Höhe:
$h_k = 3$ m

Radius:
$r = 0{,}60$ m

A: ______________________________

Üben: Zusammengesetzte Körper

1 Berechne das Volumen des zusammengesetzten Körpers.

a)

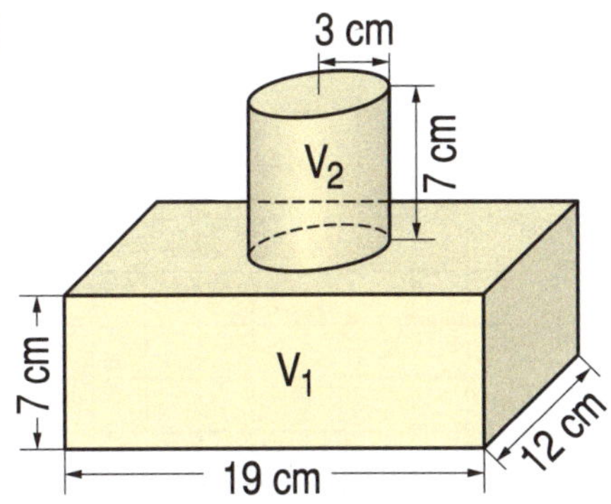

$V = V_1 + V_2$

V = ______ + ______

V = ________ cm^3

b)

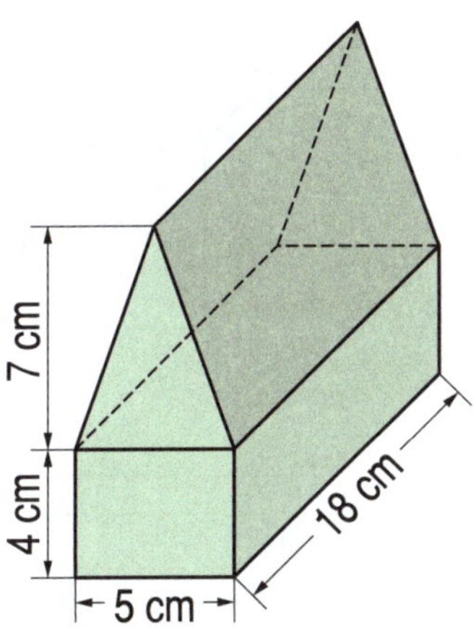

$V = V_1 + V_2$

V = ______________________________

V = ______________________________

Quader:

$V_1 = A_G \cdot h_k$ $A_G = a \cdot b$

Zylinder:

$V_2 = A_G \cdot h_k$ $A_G = \pi \cdot r^2$

2 Aus dem Zylinder wurde ein Stück herausgebohrt. Berechne das Volumen des Restkörpers.

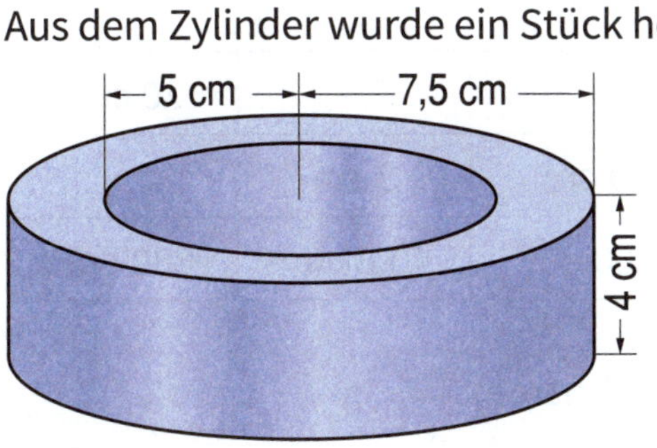

$V = V_1 - V_2$

V = ______ – ______

V = ______ cm^3

Vermischte Übungen

1 Berechne das Volumen und den Oberflächeninhalt des Quaders.

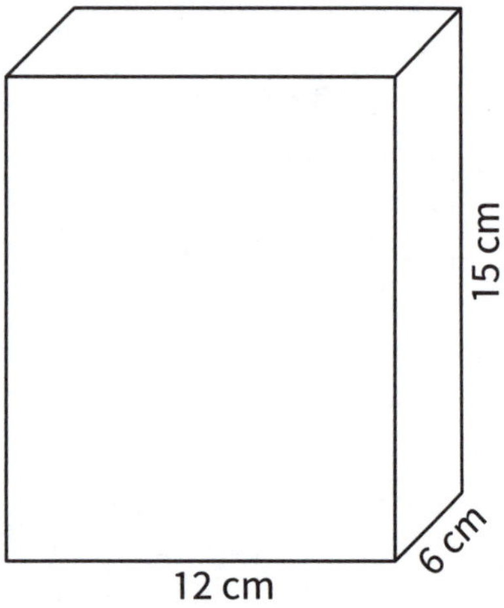

V = ______

V = ______

V = ______

A_O = ______

A_O = ______

A_O = ______

2 Berechne das Volumen des Körpers.

a)

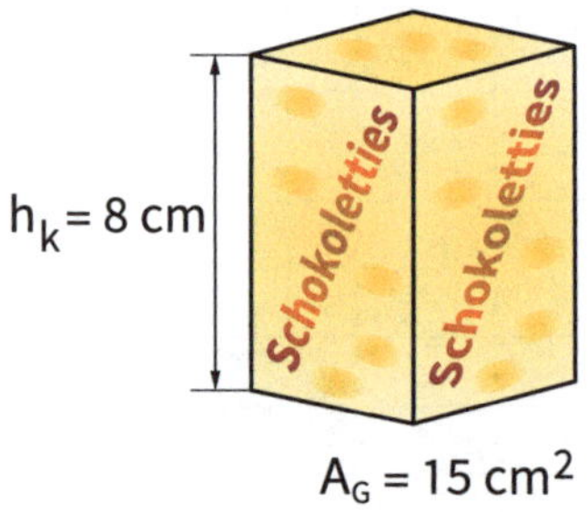

b)

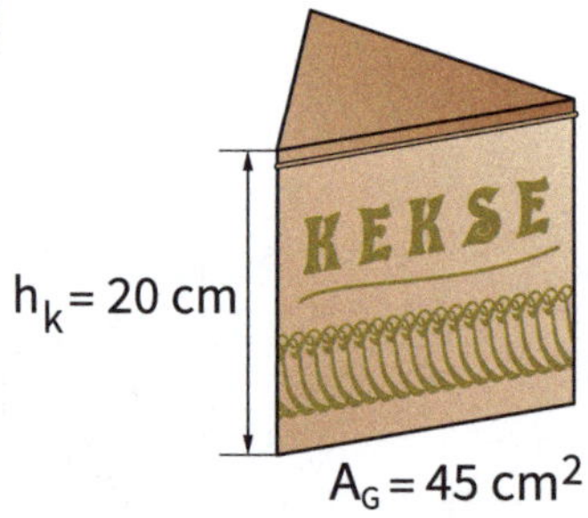

c)

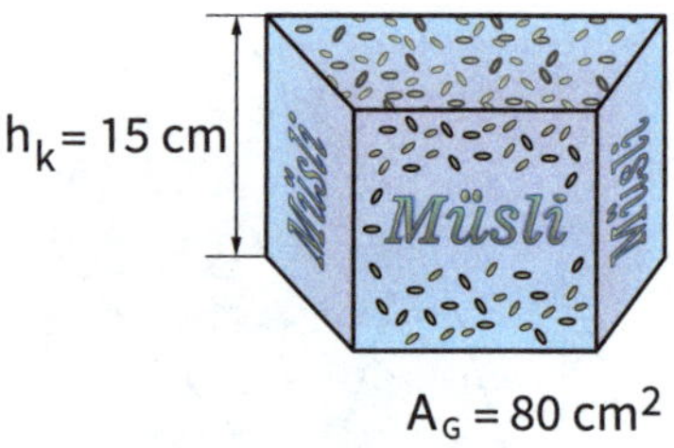

V = ______ V = ______ V = ______

3 Bestimme den fehlenden Wert für das Prisma.

	a)	b)	c)	d)	e)	f)
Grundfläche (A_G)	23,8 cm²	45 cm²	11,1 cm²			20 cm²
Körperhöhe (h_k)	10 cm	6 cm	7 cm	9 cm	8 cm	
Volumen (V)				360 cm³	40,8 cm³	600 cm³

4 Die Verpackung einer Schokoladenstange hat die Form eines Prismas.
a) Wie viel cm³ Schokolade passen in die Verpackung?
b) Auf der Mantelfläche stehen Informationen. Wie groß ist die Mantelfläche?

A: ______

7 Lineare Funktionen

Graphen von Funktionen

1 Zur doppelten Menge gehört der doppelte Preis.

a) Vervollständige die Tabelle.
b) Markiere die Werte der Tabelle im Schaubild.

Bücher	
Anzahl	€
1	8
2	
3	
4	
5	
6	

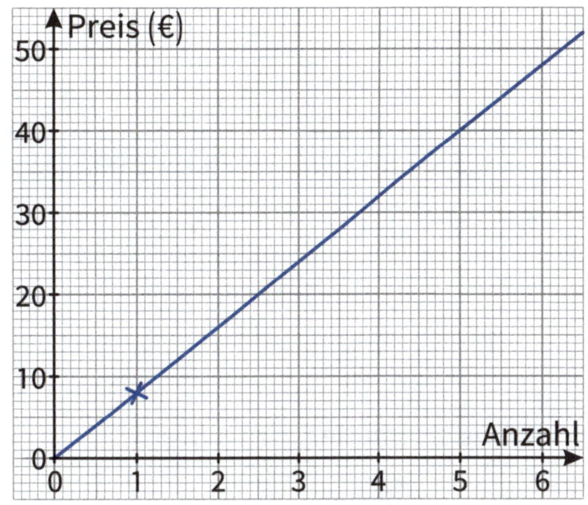

2 Vervollständige die Tabelle und das zugehörige Schaubild.

Hefte	
Anzahl	€
1	
2	
3	1,50
4	2,00
5	2,50
6	
7	
8	

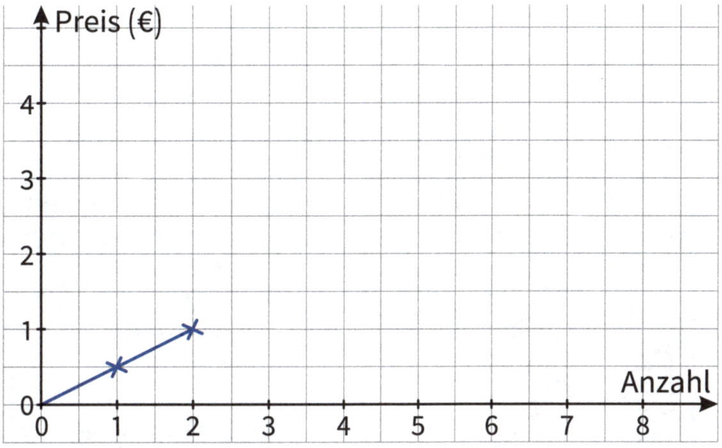

3 Für das Schulfest werden Hinweisschilder aufgestellt. Je mehr Personen mithelfen, desto weniger Zeit wird benötigt.

a) Vervollständige die Tabelle.
b) Markiere die Werte der Tabelle im Schaubild.

Arbeitsdauer	
Personen	min
1	60
3	20
4	
	12
	10

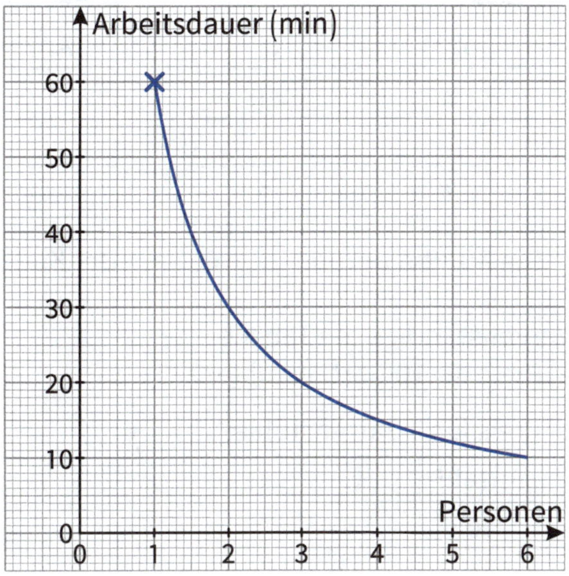

Direkt proportionale Zuordnungen

1 Zwei Stifte kosten 80 Cent. Dirk kauft 8 Stifte.

F: Wie viel Euro bezahlt Dirk?

A: ____

Anzahl	Cent
2	
8	

(·4 / ·4)

2 Berechne den fehlenden Preis.

a)

Lineale	
Anzahl	€
2	1,20
4	

b)

Bleistifte	
Anzahl	€
2	0,40
6	

c)

Patronen	
Anzahl	€
5	2,50
10	

d)

Filzstifte	
Anzahl	€
3	1,80
6	

3 Berechne zuerst den Einzelpreis.

a)

Stühle	
Anzahl	€
3	120
1	
4	

b)

Bilderrahmen	
Anzahl	€
5	30
1	
2	

c)

Regalbretter	
Anzahl	€
2	10,20
1	
7	

4 Wie viel Euro bezahlen die Kunden?

a) 3 Hocker 90 €

Anzahl	€
3	90
1	
2	

Die Kundin bezahlt ____ €.

b) 4 Blumenvasen 20 €

Anzahl	€

Der Kunde bezahlt ____ €.

c) 2 Decken 21,00 €

Anzahl	€

Die Kundin bezahlt ____ €.

5 Vervollständige die Tabelle.

a) Preis für 10 Gartenstühle: 270 €

Preis für 7 Gartenstühle: ____ €

Anzahl	€
10	
1	
7	

b) Preis für 2 Sessel: 150 €

Preis für 5 Sessel: ____ €

Anzahl	€

Indirekt proportionale Zuordnungen

1 Wie viel Minuten benötigen die vier Mädchen für die Arbeit?

Personen	min
2	10
4	

(Personen ·2, min :2)

A: ______________________________

2 Wie viel Zeit wird benötigt?

a) **Einpflanzen**

Personen	min
3	60
9	

(Personen ·3, min :3)

b) **Bewässern**

Personen	min
1	20
5	

(Personen ·__, min :__)

c) **Umtopfen**

Personen	min
2	80
10	

(Personen __, min __)

3 Wie lange reicht der Futtervorrat?

Tiere	Tage
5	6
1	30
6	

(Tiere :5, ·6; Tage ·5, :6)

A: ______________________________

4 Wie lange reicht das Futter?

a)

Tiger	Tage
3	8
1	24
4	

b)

Seehunde	Tage
8	10
1	
20	

c)

Vögel	Tage
700	2
100	
200	

5 Wie viele Fahrten sind nötig? Löse mit einer Tabelle.

a) 5 Lkw: 12 Fahrten
6 Lkw: ____ Fahrten

b) 4 Lkw: 18 Fahrten
3 Lkw: ____ Fahrten

c) 8 Lkw: 18 Fahrten
9 Lkw: ____ Fahrten

Direkt und indirekt proportionale Zuordnungen

1 Ist die Zuordnung direkt proportional (d) oder indirekt proportional (i)? Kreuze an.

		d	i
a)	Im Fachgeschäft kosten 2 Leselampen 30 €. Wie viel Euro kosten 5 Leselampen?		
b)	Um Steine zur Baustelle zu bringen, müssen 5 Lkw je viermal fahren. Es können aber nur 4 Lkw eingesetzt werden. Wie oft muss jeder Lkw fahren?		
c)	Mit 5 ℓ Farbe kann eine Fläche von 20 m^2 gestrichen werden. Für wie viele m^2 reicht die Hälfte der Farbe?		
d)	Der Futtervorrat reicht, um 9 Pferde vier Wochen lang zu füttern. Im Stall stehen aber 12 Pferde. Wie lange reicht der Futtervorrat?		

2 Ist die Zuordnung direkt proportional oder indirekt proportional? Trage ein, dann ergänze die fehlenden Werte in der Tabelle.

a)

Warentransport	
Lkw	Fahrten
3	8
1	
4	

b)

Kosten	
Stühle	€
5	150
1	
2	

c)

Lackieren	
Maler	min
2	60
1	
3	

3 Wie viel Kilometer legt das Auto in einer Stunde zurück?

h	km

A: ______________________

4 Herr Porter fährt in einer halben Stunde 45 km.
Wie viel Kilometer sind das pro Stunde?

min	km

A: ______________________

5 Wie viele Gabelstapler müssen eingesetzt werden, um die Arbeit nach 8 Stunden zu beenden?

Stapler	h

A: ______________________

Direkt und indirekt proportionale Zuordnungen

1

Im Streichelzoo leben 20 Tiere.
Außer dem normalen Futter erhalten alle Tiere zusammen täglich 30 kg Spezialfutter. Für 5 kg dieses Futters zahlt der Zoo 20 €.
Für das Füttern der Tiere benötigen 4 Personen jeden Tag 30 Minuten.
Für die Reinigung der Ställe benötigen 3 Personen jeden Tag 4 Stunden.

a) F: Wie viel Kilogramm Spezialfutter werden für 10 Tiere benötigt?

A: ______

b) F: Wie viel Euro kosten 25 kg Spezialfutter?

A: ______

c) F: Wie viel Minuten benötigen 2 Personen für das Füttern?

A: ______

d) F: Wie viel Stunden benötigen 6 Personen zum Reinigen der Ställe?

A: ______

2 Vervollständige die Tabelle.

a) Dauer des Einsatzes von Maschinen

Anzahl	1	2	3	4	5	6
min	120	60				

b) Preis für Trockenfutter

kg	1	2	3	4	5	6
€	5,10			20,40		

3 Direkt proportional oder indirekt proportional? Rechne im Kopf oder schriftlich.

a) **Füttern**

Helfer	min
3	60
6	

b) **Futterkosten**

kg	€
9	45,90
10	

c) **Eintrittspreise**

Kinder	€
5	17,50
7	

d) **Pflegen**

Helfer	min
2	48
3	

Lineare Funktionen

1 Ein Aquarium wird gereinigt. 20 ℓ Wasser bleiben im Becken, der Rest wird ausgetauscht. In einer Minute werden 5 ℓ Wasser hinzugefüllt.

a) Vervollständige die Tabelle und das Schaubild.

Wassermenge	
min	ℓ
0	20
1	25
2	30
3	
4	
5	
6	
7	
8	

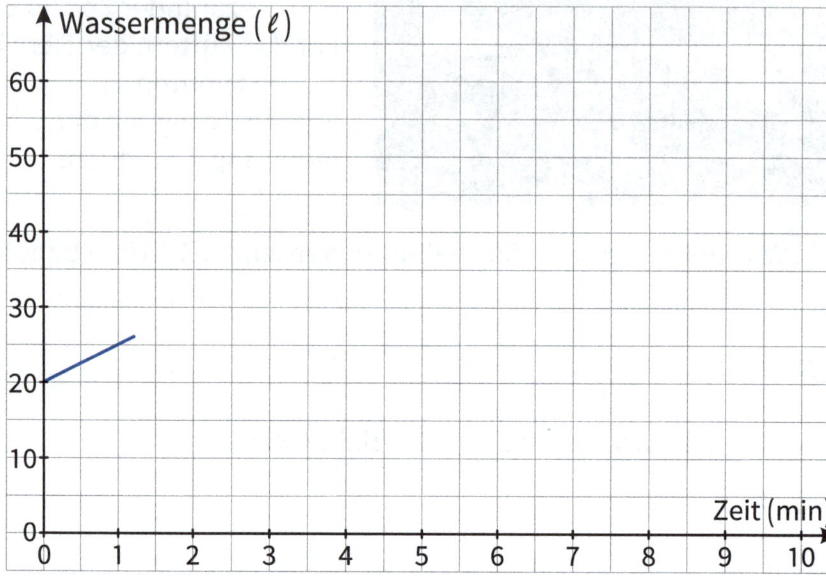

b) Wie viel Liter Wasser sind nach 10 Minuten im Aquarium?

A: ______________________

2 Wasser fließt gleichmäßig in ein Aquarium. Vervollständige die Tabelle.

a)

Wassermenge	
min	ℓ
0	30
1	36
2	42
3	

b)

Wassermenge	
min	ℓ
0	50
1	60
2	70
10	

c)

Wassermenge	
min	ℓ
0	40
1	45
2	50
4	

3 Ein Taxibetrieb erhebt eine Anfahrtsgebühr von 3,00 €. Für jeden gefahrenen Kilometer berechnet er 1,50 €. Vervollständige die Tabelle und erstelle das zugehörige Schaubild.

Kosten	
km	€
0	3,00
1	4,50
2	6,00
3	7,50
4	
5	
6	
7	

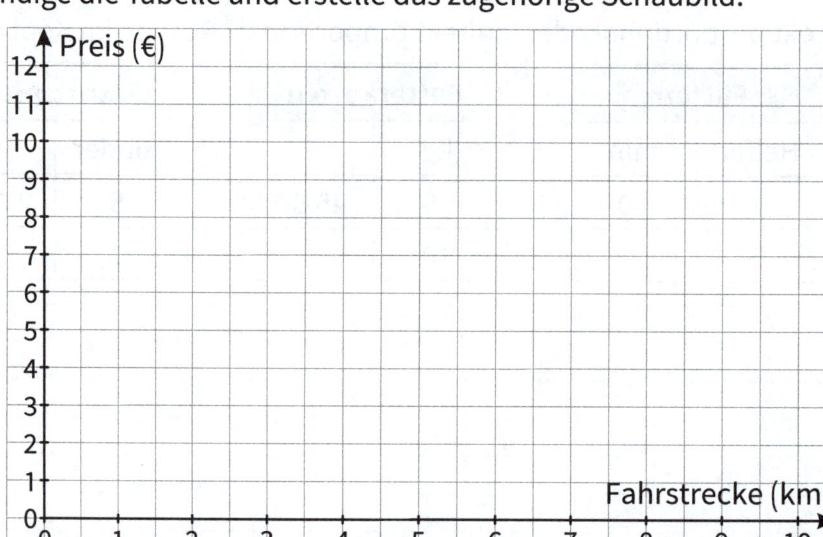

Lineare Funktionen

1 Ein Becken enthält 160 m^3 Wasser. In jeder Stunde wird gleich viel Wasser abgepumpt. Lies im Schaubild ab, wie viel m^3 Wasser noch im Becken sind. Vervollständige die Tabelle.

Wassermenge	
h	m^3
0	160
1	140
2	
3	
4	
5	
6	
7	
8	

2 Ein Wasserbecken enthält 300 m^3 Wasser. Zum Leeren des Beckens wird in jeder Stunde gleich viel Wasser abgepumpt. Vervollständige die Tabelle und das Schaubild.

Wassermenge	
h	m^3
0	300
1	250
2	200
3	
4	100
5	
6	

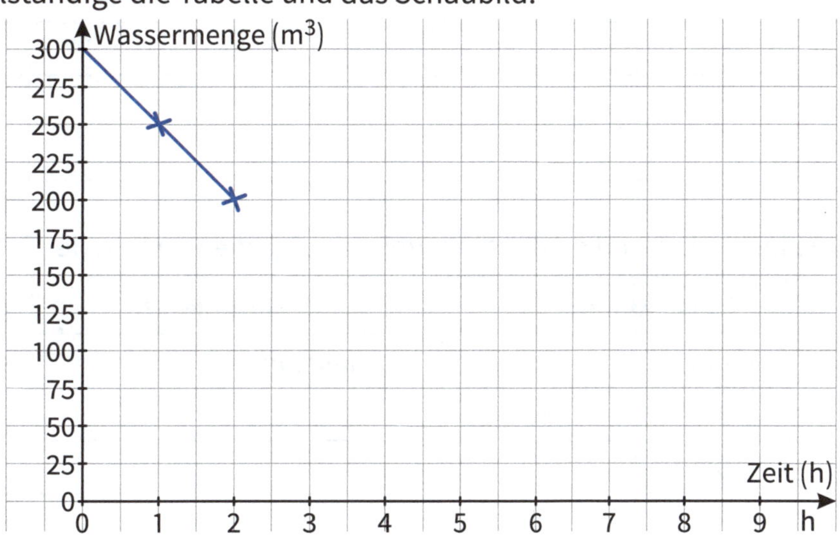

3 Zu jedem Schaubild gehört ein Text. Ordne zu.

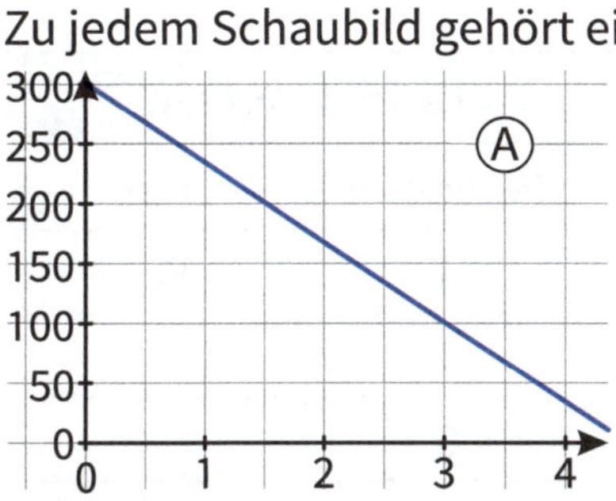

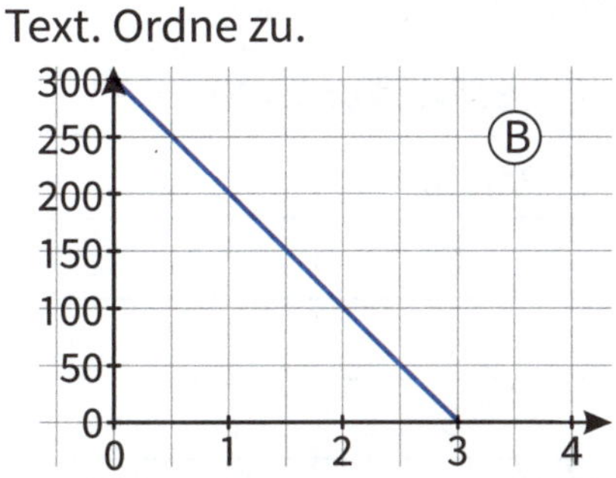

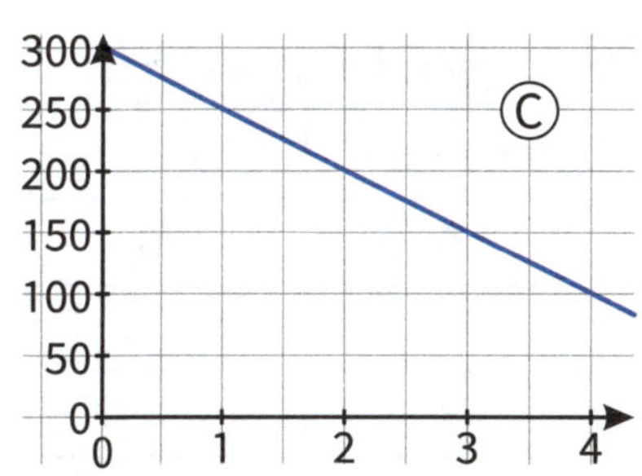

In einem Tank sind 300 ℓ Wasser. Nach 4 Tagen sind noch 100 ℓ Wasser im Tank.

Gehört zu Schaubild ______

Ein Öltank mit 300 m^3 Öl wird leer gepumpt. Nach 3 Stunden sind noch 100 m^3 Öl im Tank.

Gehört zu Schaubild ______

Ein Zoo hat einen Vorrat von 300 kg Kraftfutter. Nach 3 Wochen ist der Vorrat aufgebraucht.

Gehört zu Schaubild ______

Vermischte Übungen

1 Berechne den fehlenden Preis.

a)

Stifte	
Anzahl	€
2	1,50
8	

b)

Hefte	
Anzahl	€
6	3,60
3	

c)

Minen	
Anzahl	€
10	4,50
20	

d)

Patronen	
Anzahl	€
6	4,80
12	

2 

Frau Hackmann kauft 10 Schreibblöcke.

F: ______________________

A: ______________________

3 Vervollständige die Tabelle. Trage das Ergebnis ein.

a) Lohn für 5 Arbeitsstunden: 42,50 €
Lohn für 6 Arbeitsstunden: ________ €

h	€
5	
1	
6	

b) Lohn für 2 Arbeitsstunden: 18 €
Lohn für 40 Arbeitsstunden: ________ €

h	€

4 Wie lange dauert die Arbeit? Vervollständige die Werte in der Tabelle.

a)

Lackieren	
Maler	h
3	8
6	

b)

Betonieren	
Maschinen	h
3	8
1	

c)

Kies fahren	
Lkw	h
2	10
4	

5 Vervollständige auch hier die Werte zur Arbeitsdauer.

a)

Müll entsorgen	
Personen	min
5	30
1	
3	

b)

Ställe kontrollieren	
Personen	min
6	10
1	
5	

c)

Fenster putzen	
Personen	min
4	60
1	
6	

6 Ein Taxiunternehmer erhebt eine Anfahrtsgebühr von 3,50 €.
Für jeden gefahrenen Kilometer berechnet er 1,50 €.
Frau Jansen muss für eine Strecke von 8 km bezahlen.

F: ______________________

A: ______________________

8 Pyramiden, Kegel, Kugeln*

Körper erkennen

1 Wie heißen die Körper? Ordne zu.

Kugel	Quader	Pyramide	Zylinder	Kegel

2 Welcher Körper gehört zu welchem Netz? Verbinde.

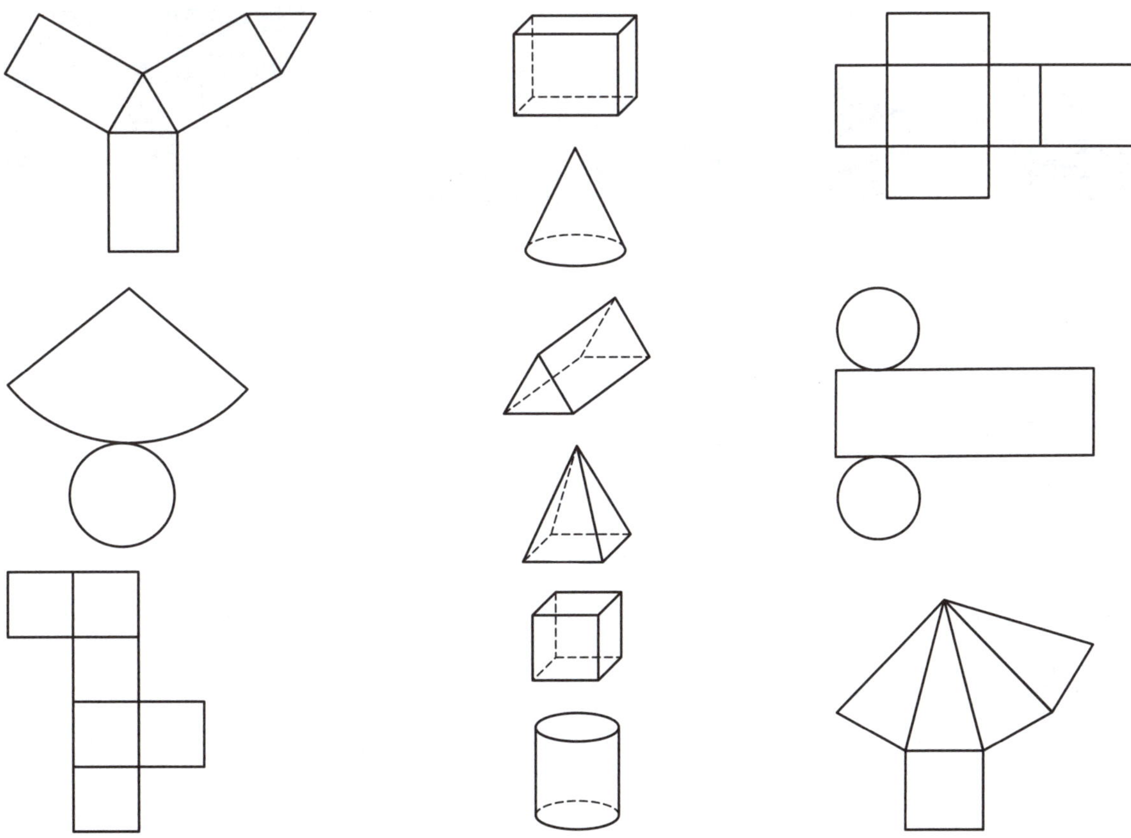

3 Welcher Körper passt zur Beschreibung? Trage den Namen ein.

a) Der Körper hat 2 dreieckige Flächen und 3 rechteckige Flächen.

____

b) Alle Flächen des Körpers sind Quadrate.

____

c) Der Körper hat 2 gleich große Kreisflächen und eine gekrümmte Fläche.

____

d) Die gegenüberliegenden Flächen des Körpers sind gleich große Rechtecke.

____

e) Der Körper hat eine viereckige Fläche und 4 dreieckige Flächen.

____

f) Der Körper hat eine Kreisfläche und eine gekrümmte Fläche.

____

* Dieses Kapitel wird in Jahrgangsstufe 9 noch einmal angeboten.

Volumen einer Pyramide

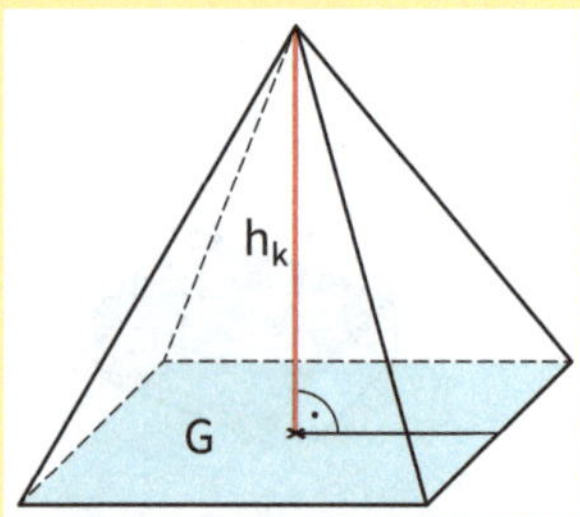

Volumen einer Pyramide = Grundfläche · Körperhöhe geteilt durch 3

$$V = \frac{A_G \cdot h_k}{3}$$

$$V = \frac{1}{3} \cdot A_G \cdot h_k$$

1 Der Flächeninhalt der Grundfläche ist gegeben. Berechne das Volumen der Pyramide.

a) $A_G = 81\ m^2$, $h_k = 9\ m$

V = ______

b) $A_G = 1296\ m^2$, $h_k = 20\ m$

V = ______

c) $A_G = 10000\ m^2$, $h_k = 65\ m$

V = ______

$V = \frac{A_G \cdot h_k}{3}$

$V = \frac{81\ cm^2 \cdot 9\ cm}{3}$

$V =$ ______ cm^3

2 Berechne zuerst den Flächeninhalt der Grundfläche und dann das Volumen der Pyramide.

a)

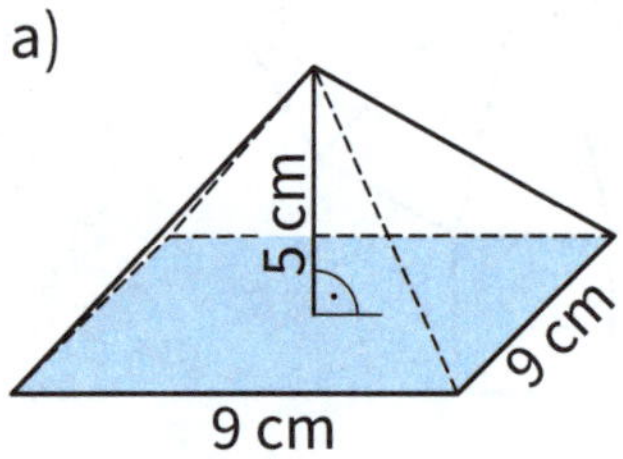

$V = \frac{A_G \cdot h_k}{3}$

V = ______

V = ______ cm^3

b)

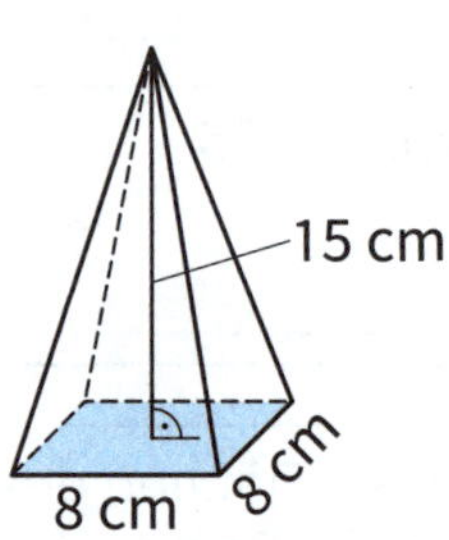

V = ______

V = ______

V = ______

c)

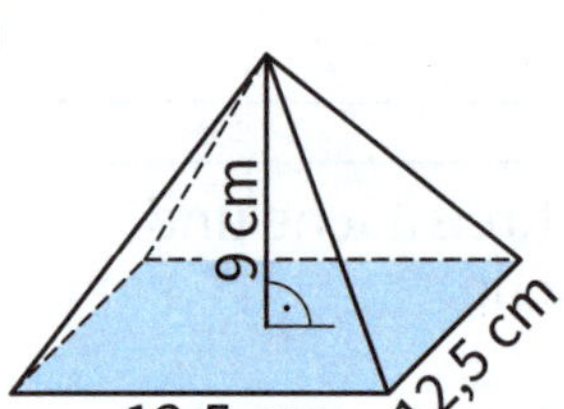

V = ______

V = ______

V = ______

$A_G = a \cdot a$

$A_G = 9\ cm \cdot 9\ cm$

$A_G =$ ______ cm^2

Volumen eines Kegels

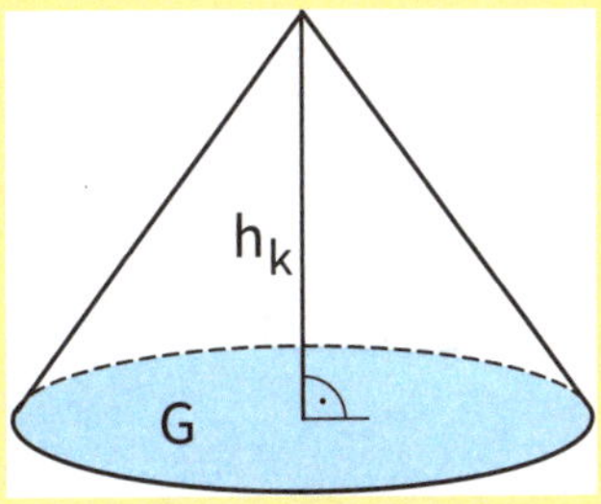

Volumen eines Kegels = Grundfläche · Körperhöhe geteilt durch 3

$$V = \frac{A_G \cdot h_k}{3}$$

$$V = \frac{1}{3} \cdot A_G \cdot h_k$$

1 Der Flächeninhalt der Grundfläche ist gegeben. Berechne das Volumen des Kegels.

a) $A_G = 28\ cm^2$
$h_k = 9\ cm$

V = ______

b) $A_G = 90\ m^2$
$h_k = 5\ m$

V = ______

c) $A_G = 54\ m^2$
$h_k = 8\ m$

V = ______

$V = \frac{A_G \cdot h_k}{3}$

$V = \frac{28\ cm^2 \cdot 9\ cm}{3}$

V = ______ cm^3

2 Berechne zuerst den Flächeninhalt der Grundfläche und dann das Volumen des Kegels.

a)

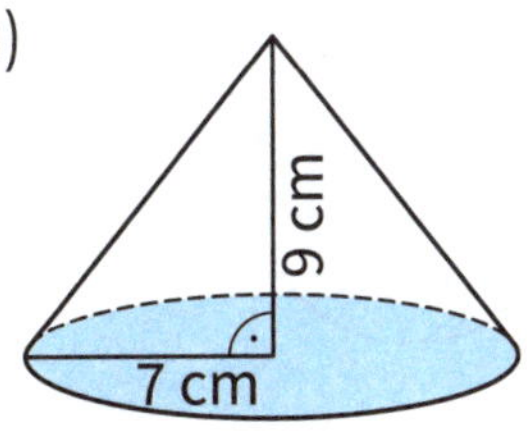

$V = \frac{A_G \cdot h_k}{3}$

V = ______

V = ______ cm^3

$A_G = \pi \cdot r^2$

$A_G = 3{,}14 \cdot 7\ cm \cdot 7\ cm$

A_G = ______ cm^2

b)

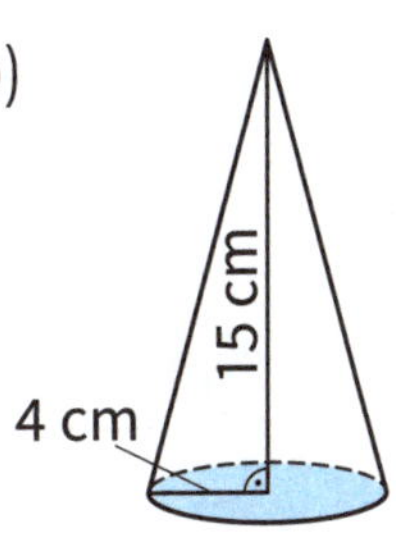

V = ______

V = ______

V = ______

c)

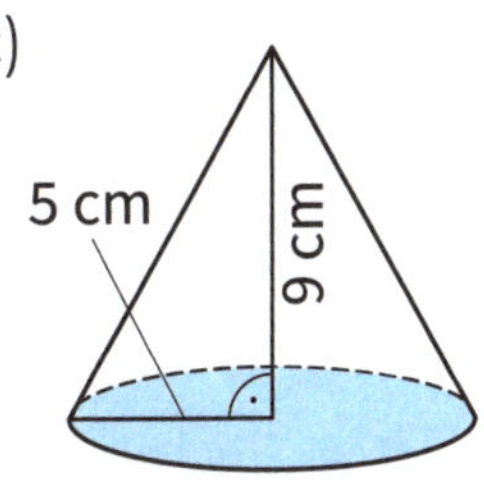

V = ______

V = ______

V = ______

Volumen einer Kugel

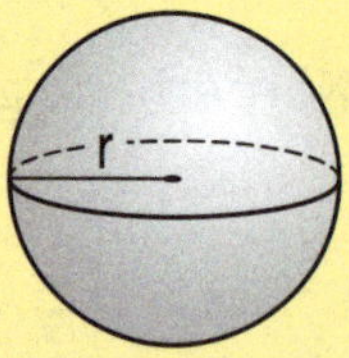

Volumen einer Kugel

$V = \frac{4}{3} \cdot \pi \cdot r^3$

$V = \frac{4 \cdot \pi \cdot r^3}{3}$

1 Berechne das Volumen des Balls.

a) r = 32 cm

V = ____________

b) r = 15 cm

V = ____________

c) r = 0,8 m

V = ____________

$V = \frac{4 \cdot \pi \cdot r^3}{3}$

$V = \frac{4 \cdot 3{,}14 \cdot 32\,cm \cdot 32\,cm \cdot 32\,cm}{3}$

V = ____________ cm^3

2 Berechne zuerst den Radius und dann das Volumen der Kugel.

a)

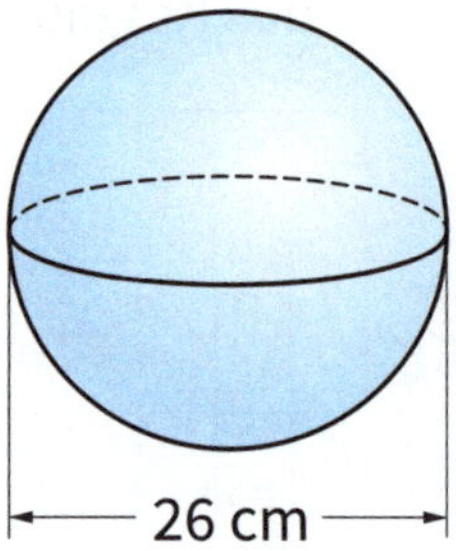

r = ____________

V = ____________

b)

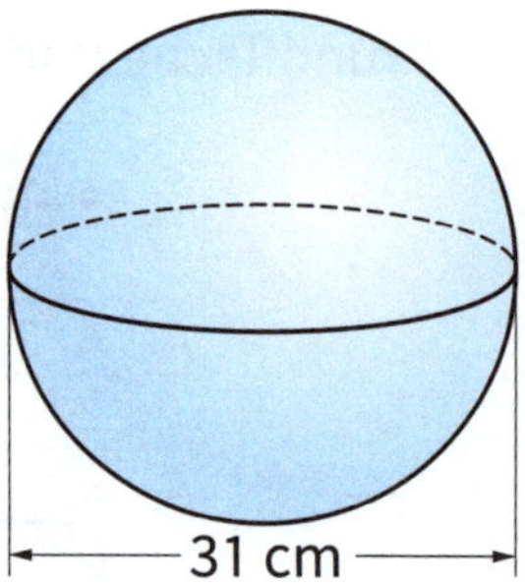

r = ____________

V = ____________

c)

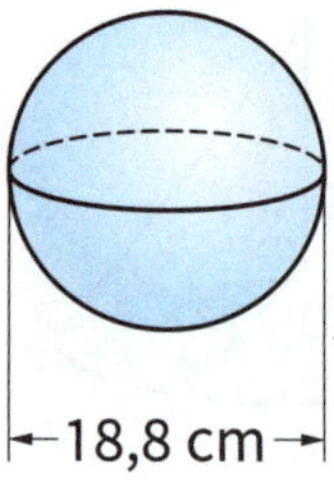

r = ____________

V = ____________

Üben: Sachaufgaben

1 Auf dem orientalischen Markt bieten Händler Gewürze als Kegel aufgeschichtet an.
Wie viel cm^3 Gewürz enthält der Kegel?

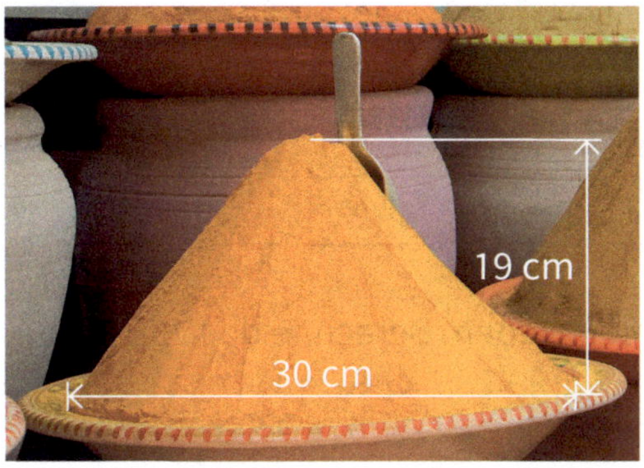

A: ____________________

2 Die Cheops-Pyramide hat eine quadratische Grundfläche. Die Pyramide ist ungefähr 230 m lang und 140 m hoch. Berechne das Volumen der Pyramide.

V = ____________________

3 Berechne das Volumen des Ballons.

V = ____________________

Vermischte Übungen

1 Zylinder, Pyramide, Kegel oder Kugel? Welcher Körper wird beschrieben? Trage ein.

a) Der Körper hat nur eine Fläche.	
b) Der Körper hat genau zwei Flächen.	
c) Eine Fläche ist ein Quadrat, vier Flächen sind Dreiecke.	
d) Er hat drei Flächen: zwei Kreise und eine gekrümmte Fläche.	

2 Der Flächeninhalt der Grundfläche und die Körperhöhe sind gegeben. Berechne das Volumen.

a) $A_G = 36\ m^2$
$h_K = 7\ m$

V = ______

V = ______

V = ______

b) $A_G = 36\ m^2$
$h_K = 5\ m$

V = ______

V = ______

V = ______

c) $A_G = 11\ m^2$
$h_K = 3{,}5\ m$

V = ______

V = ______

V = ______

3 Berechne das Volumen des Körpers.

a)

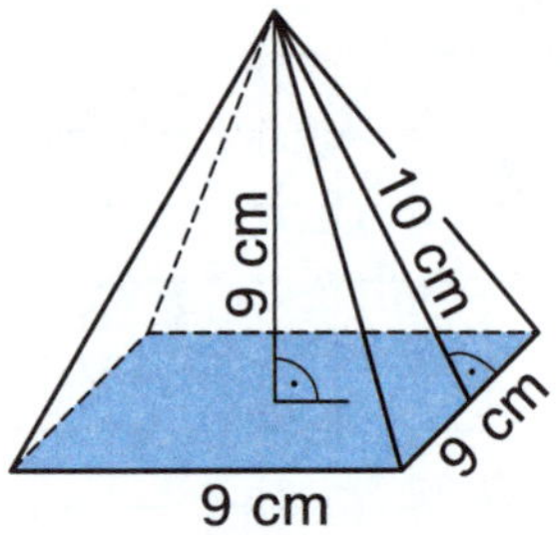

V = ______ cm^3

b)

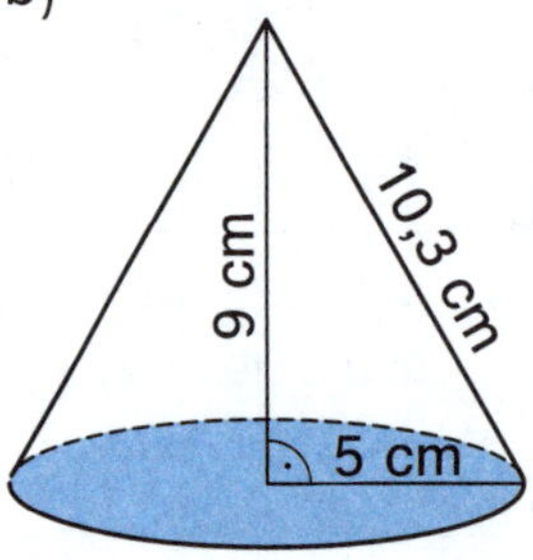

V = ______ cm^3

c)

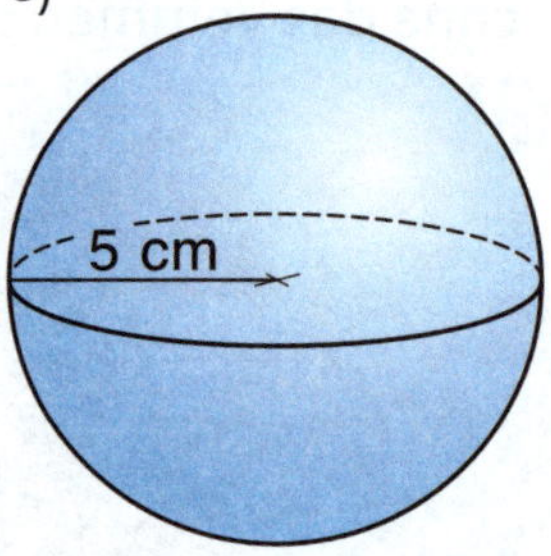

V = ______ cm^3

9 Projekt Sachprobleme

Schätzen und Überschlagen

Das Herz eines Erwachsenen schlägt ungefähr 70-mal pro Minute. Dabei pumpt es in jeder Minute ungefähr 5 Liter Blut.

Ein erwachsener Mensch sollte täglich ungefähr 8 Stunden schlafen.

Ein erwachsener Mensch nimmt pro Tag ungefähr 2,5 kg Nahrung zu sich.

Überschlagsrechnungen kannst du schrittweise im Kopf durchführen.
Ersetze dabei Zahlen immer wieder durch Zahlen in der Nähe und rechne damit weiter.

1 Wie oft schlägt das Herz eines erwachsenen Menschen ungefähr in einem Jahr? Nutze zum Überschlagen die Tabelle. Vervollständige.

· 60 · 24 · 30 · 12

Zeit	1 Minute	1 Stunde	1 Tag	1 Monat	1 Jahr
Herzschläge	70	4 200 ≈ 4 000	96 000 ≈ 100 000		

A: ______

2 Wie viel Liter Blut pumpt das Herz eines erwachsenen Menschen ungefähr in einem Jahr? Nutze die Tabelle. Rechne mit einfachen Zahlen. Vervollständige.

Zeit	1 Minute	1 Stunde	1 Tag	1 Monat	1 Jahr
Blut	5 ℓ	300 ℓ	7 200 ℓ ≈ 7 000 ℓ		

A: ______

3 Wie viel Stunden schläft ein erwachsener Mensch ungefähr in einem Jahr? Überschlage mithilfe der Tabelle. Rechne mit einfachen Zahlen.

Zeit	1 Tag	1 Monat	1 Jahr
Blut	8 h	240 h ≈	

A: ______

4 Wie viel Kilogramm Nahrung nimmt ein erwachsener Mensch ungefähr in einem Jahr zu sich? Erstelle eine Tabelle. Rechne mit einfachen Zahlen.

A: ______

Schätzen und Überschlagen

In den Fotos steht, wie viel kg Futter die Zootiere täglich ungefähr fressen.

1 Wahr oder falsch? Kreuze an.

	wahr	falsch
Flusspferd Ella frisst in einem Monat weniger als 600 kg Gräser.		
180 kg Gemüse für Gorilla Ben reichen für ungefähr einen Monat.		
Nashorn Ina frisst in einem Monat mehr als 5 000 kg Futter.		
Elefant Rico frisst in einem Monat die Hälfte seines Körpergewichts an Heu.		

2 Elefant Rico bekommt täglich Leckereien. Überschlage mithilfe der Tabelle, wie viel kg jeder Sorte Rico ungefähr in einem Jahr frisst. Rechne mit einfachen Zahlen.

Tägliche Leckereien für Rico		
Äpfel	Möhren	Brot
6 kg	4 kg	1,5 kg

Zeit	1 Tag	1 Monat	1 Jahr
Äpfel	6 kg	180 kg ≈ 200 kg	

Zeit	1 Tag	1 Monat	1 Jahr
Möhren	4 kg		

Zeit	1 Tag	1 Monat	1 Jahr
Brot	1,5 kg		

3 Wie viel kg Futter fressen die Zootiere ungefähr in einem Jahr?

a) Elefant Rico

Zeit	1 Tag	1 Monat	1 Jahr
Heu			

b) Nashorn Ina

Zeit	1 Tag	1 Monat	1 Jahr
Heu			

c) Gorilla Ben

Zeit	1 Tag	1 Monat	1 Jahr
Gemüse			

d) Flusspferd Ella

Zeit	1 Tag	1 Monat	1 Jahr
Gräser			

Rückwärtsarbeiten

1 Die Gäste verließen das Schulfest der Burg-Schule zu verschiedenen Zeiten. Ab 19 Uhr war noch die Hälfte aller Besucher da. 48 Personen verließen das Fest um 20 Uhr. Die letzten 33 Gäste gingen um 21 Uhr. Wie viele Besucher waren es zu Beginn?

Nutze das Pfeilbild. Trage von rechts nach links die fehlenden Zahlen ein.

Zu Beginn ☐ ⇄ (→ :2, ← ·2) Ab 19 Uhr ☐ ⇄ (→ − 48, ← + 48) Ab 20 Uhr ☐ ⇄ (→ − 33, ← + 33) Nach 21 Uhr 0

2 Beim Schulfest der Tanneck-Schule war ab 18 Uhr noch ein Drittel aller Besucher da. 25 Personen verließen das Fest um 19:30 Uhr. Die letzten 27 Gäste gingen um 21 Uhr. Wie viele Gäste waren zu Beginn auf dem Fest? Arbeite rückwärts. Nutze das Pfeilbild.

Zu Beginn ☐ ⇄ (→ :3, ← ___) Ab 18 Uhr ☐ ⇄ (→ ___, ← ___) Ab 19:30 Uhr ☐ ⇄ (→ ___, ← ___) Nach 21 Uhr 0

A: ______________________________

3 Eine Brücke über einen besonderen Fluss: Wenn man die Brücke betritt, verdoppelt sich das Geld in der Tasche. Allerdings muss man in der Mitte 8 € ins Wasser werfen. Nachdem Emil die Brücke dreimal überquert hat, ist sein Geld weg. Wie viel Euro hatte er zu Beginn? Arbeite rückwärts mit dem Pfeilbild.

Zu Beginn

☐ ⇄ (→ ·2, ← ___) ☐ ⇄ (→ − 8, ← ___) ☐ ⇄ ☐ ⇄ ☐ ⇄ ☐ ⇄ 0

A: ______________________________

4 Zahlenrätsel! Du findest die gesuchte Zahl durch Rückwärtsarbeiten.

a) Ich halbiere meine Zahl, addiere dann 3 und verdoppele das Ergebnis. Vom neuen Ergebnis subtrahiere ich 7 und verdreifache dann. Nun addiere ich noch 9 und erhalte 42. Wie heißt meine Zahl?

Meine Zahl

☐ ⇄ ☐ ⇄ ☐ ⇄ ☐ ⇄ ☐ ⇄ ☐ ⇄ 42

b) Ich verdreifache meine Zahl, subtrahiere dann 7 und halbiere das Ergebnis. Zum neuen Ergebnis addiere ich 6 und verdoppele dann. Nun subtrahiere ich noch 5 und erhalte 45. Wie heißt meine Zahl?

Meine Zahl

☐ ⇄ ☐ ⇄ ☐ ⇄ ☐ ⇄ ☐ ⇄ ☐ ⇄ ☐

Systematisches Probieren

1 Der Flächeninhalt eines Rechtecks ist gegeben. Die Maßzahlen der Seitenlängen sind natürliche Zahlen. Welche Maßzahlen können es sein? Trage alle Möglichkeiten in die Tabelle ein.

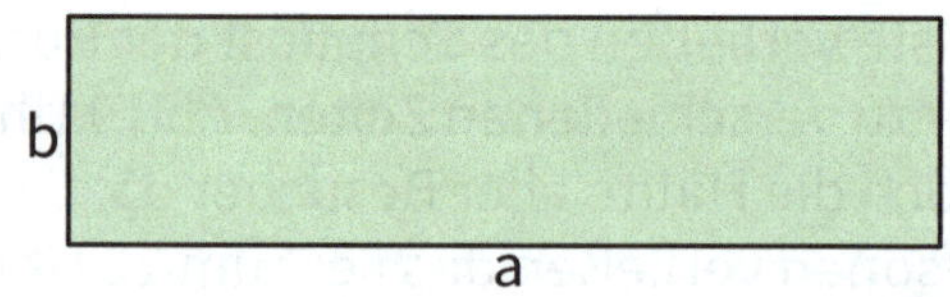

a)

a	b	A = a · b
1 cm	40 cm	40 cm^2
2 cm		
40 cm		

b)

a	b	A = a · b
		30 cm^2

2 Welche Zahlen ergeben zusammen die Summe in der rechten Spalte? Kreuze an.

a)

1	2	4	8	16	32	64	Summe
							60
							70
							80
							90
							100

b)

1	2	4	8	16	32	64	Summe
							61
							71
							81
							91
							101

3 Bauer Wilhelm hat ein Gehege mit Hasen und Hühnern. Insgesamt sind es 40 Tiere mit 100 Füßen.
Wie viele Hasen und wie viele Hühner sind in dem Gehege? Löse durch Probieren.

Hasen	Hühner	Füße der Hasen	Füße der Hühner	Füße insgesamt

4 In einem Terrarium krabbeln Spinnen und Käfer. Insgesamt sind es 11 Tiere mit 72 Beinen.
Wie viele Spinnen und wie viele Käfer sind es?

Alles paletti
Vermischte Übungen

5 Berechne die Zinsen für ein Jahr. Das Kapital beträgt 8 000 €.

Zinssatz	1 %	3 %	6 %	9 %	10 %	12 %
Zinsen						

6 Berechne die Jahreszinsen. Der Zinssatz beträgt immer 2 %.

a)

Kapital 600 €	
%	€
100	600

Zinsen für ein Jahr: ____ €

b)

Kapital 700 €	
%	€

Zinsen für ein Jahr: ____ €

c)

Kapital 1 800 €	
%	€

Zinsen für ein Jahr: ____ €

7 Berechne die Zinsen für ein Jahr und das Guthaben am Jahresende.

a) 

%	€

b) 

%	€

Zinsen für ein Jahr: __________ €

Guthaben am Jahresende: __________ €

Zinsen für ein Jahr: __________ €

Guthaben am Jahresende: __________ €

8 7 540 € werden 210 Tage lang mit dem Zinssatz 1,2 % verzinst.
Berechne die Tageszinsen.

Jahreszinsen	
%	€

Tageszinsen	
Tage	€

Tageszinsen: ____________________ €

Alles paletti

Vermischte Übungen

1 Vereinfache die Terme.

a) $2 \cdot x + 4 + 5 \cdot x + 1$ = ______

b) $x + 6 + 3 \cdot x + 2$ = ______

c) $8 \cdot x + 5 + 3 \cdot x + 7$ = ______

d) $6 + x + 8 + 7 \cdot x$ = ______

e) $8 \cdot x + 8 - 4 \cdot x + 5$ = ______

f) $6 \cdot x + 4 - x + 8$ = ______

g) $7 - 4 \cdot x + 4 + 8 \cdot x$ = ______

h) $21 - x + 9 - 2 \cdot x$ = ______

i) $3 - 5 \cdot x + 9 + 7 \cdot x$ = ______

j) $35 - 2 \cdot x + 1 - 4 \cdot x$ = ______

2 Setze in jedem Term für x die angegebenen Zahlen ein. Ergänze die Werte des Terms.

a) $5 \cdot x$

x	Wert des Terms
1	
2	
3	
4	
5	

b) $2 \cdot x + 8$

x	Wert des Terms
1	
2	
3	
4	
5	

c) $7 \cdot x - 3$

x	Wert des Terms
1	
2	
3	
4	
5	

d) $4 \cdot x + 4$

x	Wert des Terms
1	
2	
3	
4	
5	

3 Löse die Gleichung.

a) $6x + 7 = 25$

b) $8x - 9 = 47$

4 Fasse zuerst zusammen, dann löse die Gleichung.

a) $4x + 5 - 2x = 23$

b) $3x + 4 - x = x + 8$

c) $2x + 12 + 6x - 4 = 48$

d) $16 - 3x + 6 + 7x = 46$

9 So viele Jugendliche besuchten in der letzten Woche das Jugendzentrum.

Montag	Dienstag	Mittwoch	Donnerstag	Freitag	Samstag	Arithmetisches Mittel
37	57	63	43	86	74	

a) Bestimme das arithmetische Mittel und trage es in die Tabelle ein.
b) Ordne alle 6 Werte zu einer Rangliste. Dann bestimme den Median und die Spannweite.

_____ _____ _____ _____ _____ _____

Median: _____ Spannweite: _____

10 400 Jugendliche werden gefragt: „Welches Schulfach ist für dich das wichtigste?“

Das Fach Mathematik wird von 225 Befragten genannt.
Für ein Viertel der Jugendlichen ist Deutsch das wichtigste Schulfach.
Das Fach Arbeitslehre erhält 50 Stimmen.
Die restlichen Stimmen entfallen auf andere Fächer.
Kennzeichne im Kreisdiagramm die Anteile der Fächer mit den entsprechenden Farben.

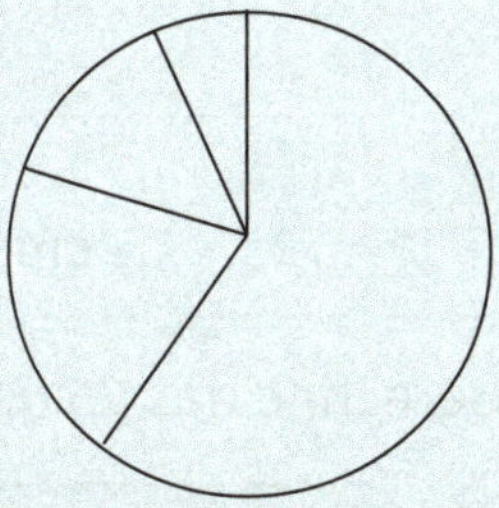

11 Kübra würfelt einmal mit einem Spielwürfel. Ergänze die fehlenden Angaben in der Tabelle.

	Ereignis	Günstige Ergebnisse	Wahrscheinlichkeit
a)	Es wird eine 5 oder eine 6 gewürfelt.	5; 6	
b)	Es wird ein Vielfaches von 3 gewürfelt.		
c)	Es wird eine gerade Zahl gewürfelt.		
d)	Es wird eine Zahl größer als 0 gewürfelt.		
e)	Es wird eine Zahl kleiner als 5 gewürfelt.		

12 Wie lang sind die Stützen der Schaukel? Rechne mit dem Taschenrechner. Runde.

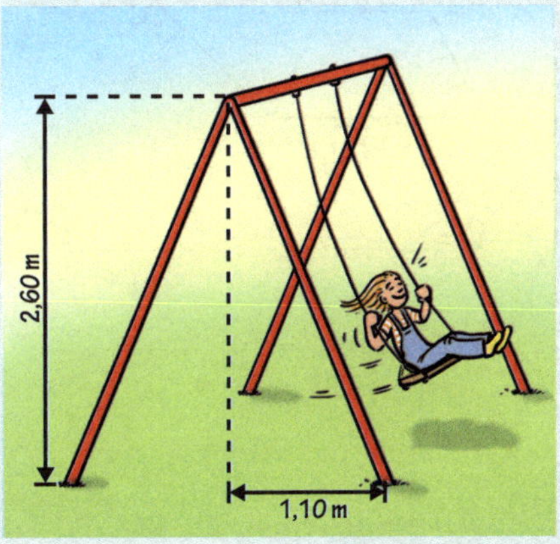

Skizze:

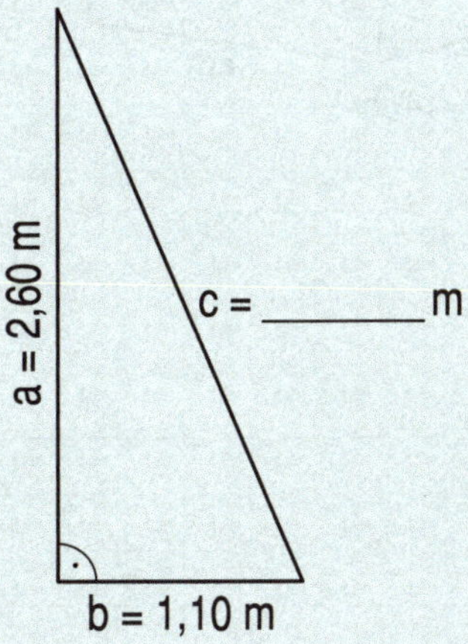

$a^2 + b^2 = c^2$

$c^2 = a^2 + b^2$

$c^2 =$ _______ + _______

$c^2 =$ _______________

$c^2 =$ _______

$c =$ _______

$c =$ _______ m

A: ____

Alles paletti

Vermischte Übungen

13 Berechne die fehlende Länge der Kathete mit dem Satz des Pythagoras.

a)

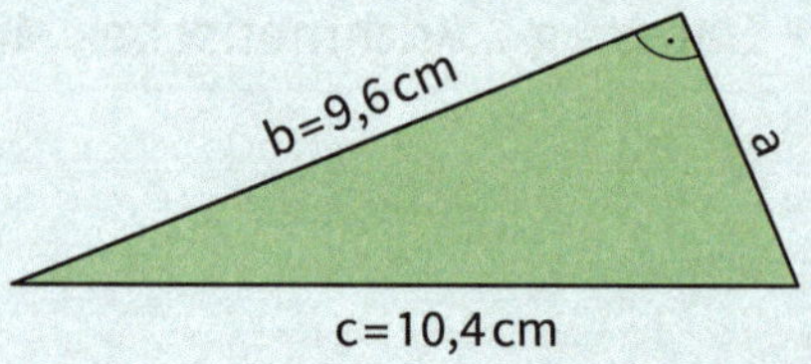

a = ________ cm

b)

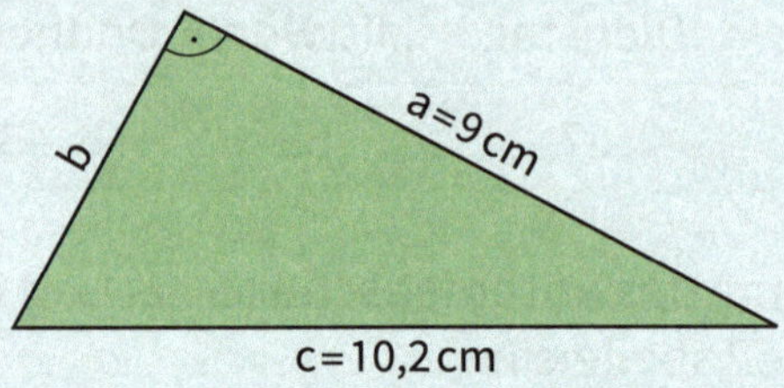

b = ________ cm

14 Berechne das Volumen des Quaders.

a)

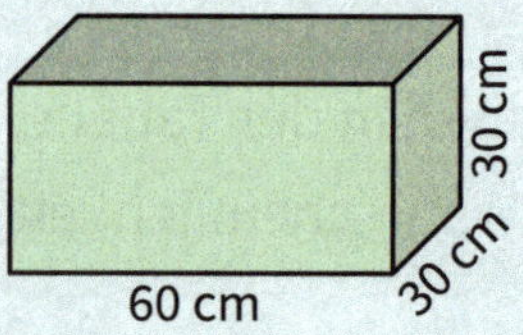

Volumen = ________

b)

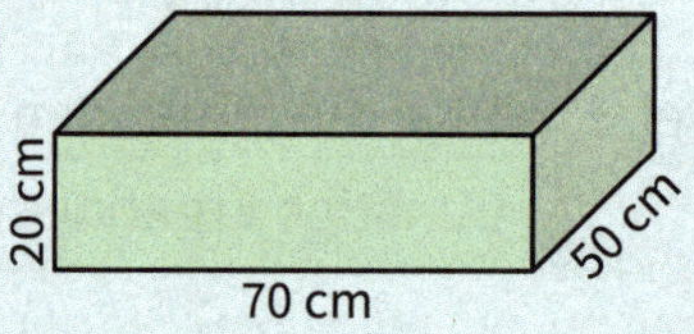

Volumen = ________

15 Das Prisma muss nicht auf seiner Grundfläche stehen. Färbe die Grundfläche des Prismas. Berechne das Volumen des Prismas.

a)

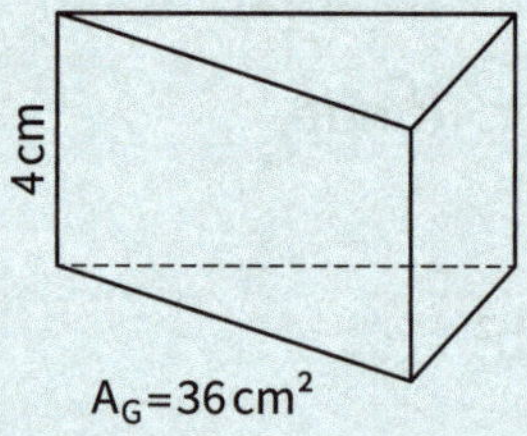

$V = A_G \cdot h_k$

V = ______ · ______

V = ________ cm^3

b)

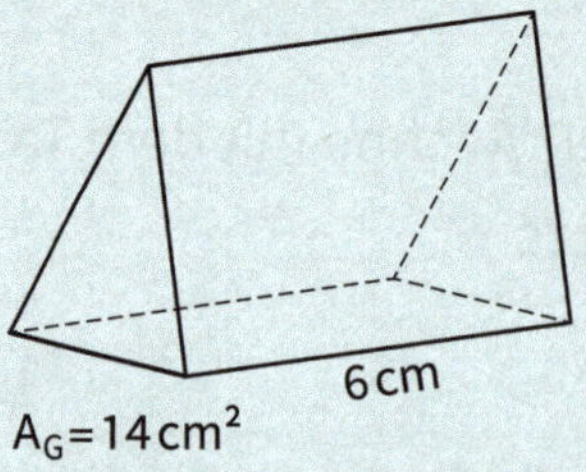

V = ________

V = ________

V = ________

c)

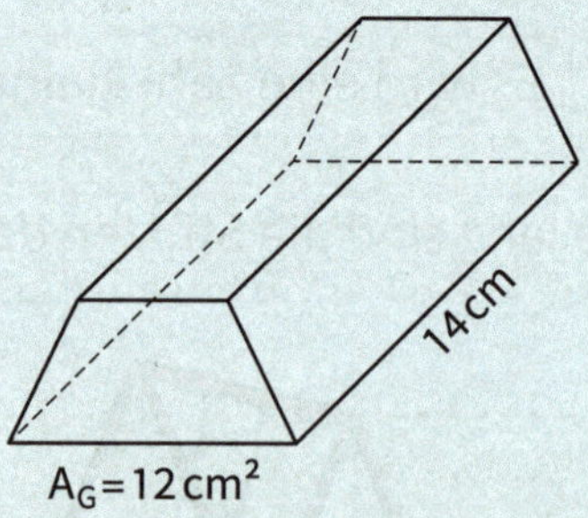

V = ________

V = ________

V = ________

16 Bestimme den fehlenden Wert für das Prisma.

	a)	b)	c)	d)	e)	f)
Grundfläche (A_G)	55 cm²	25 cm²	60 cm²			40 cm²
Körperhöhe (h_k)	10 cm	6 cm	7 cm	5 cm	6 cm	
Volumen (V)				100 cm³	180 cm³	200 cm³

17 Färbe im Netz des Prismas Grundfläche und Deckfläche blau und die Mantelfläche gelb. Berechne den Oberflächeninhalt des Prismas.

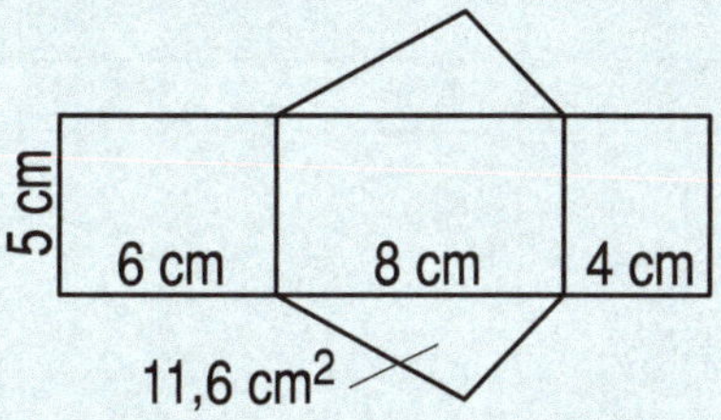

A_O = ______

A_O = ______

A_O = ______

18 Das Straßenbauamt bestellt Holzkisten zur Lagerung von Streusand für den Winter.

a) Wie viel m³ Sand passen in eine Kiste?

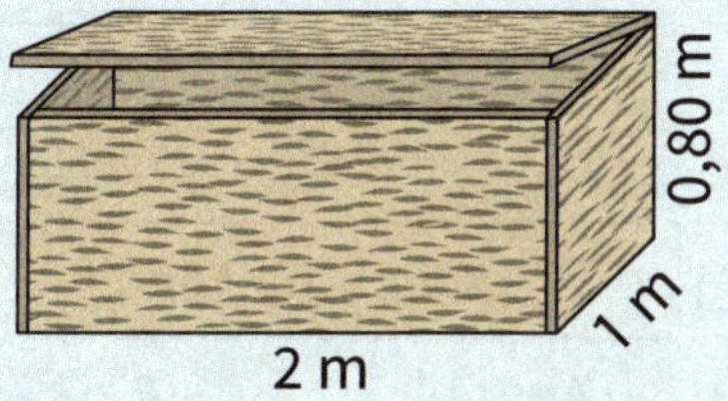

A: ______

b) Wie viel m² Holz werden für eine Kiste benötigt?

A: ______

19 Berechne das Volumen des Körpers. Die Grundfläche ist gefärbt.

a)

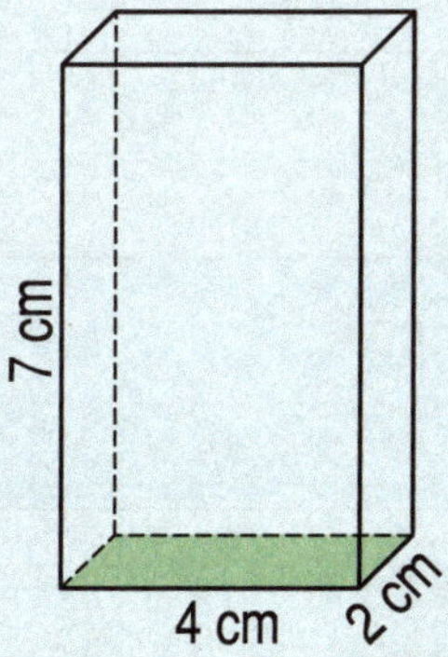

b)

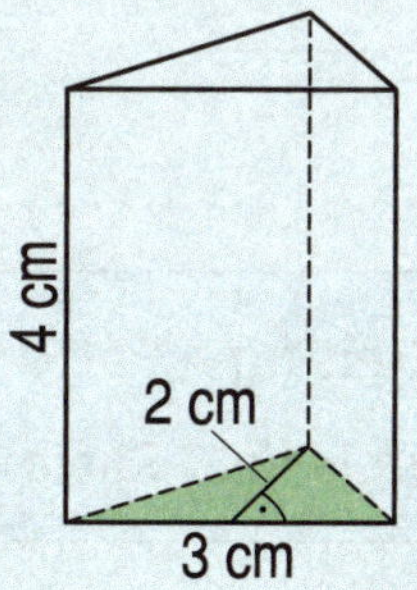

c)

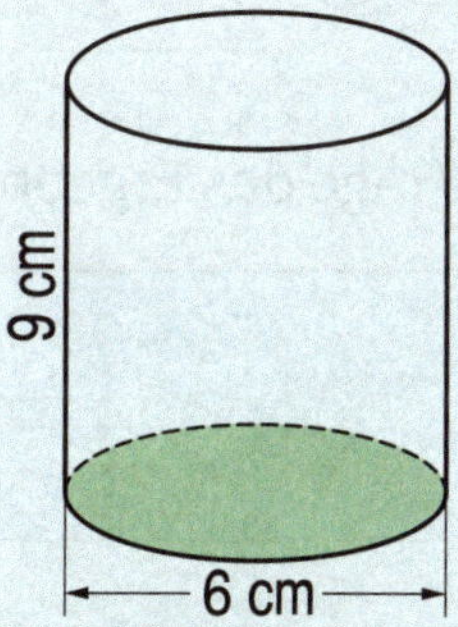

d)

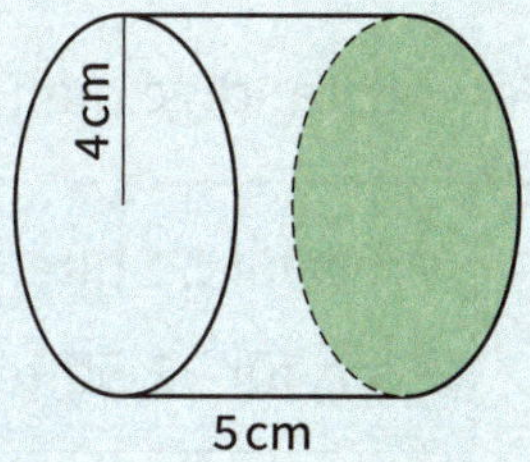

V = ______ V = ______ V = ______ V = ______

20 In der zylinderförmigen Verpackung werden Schokoladentaler verkauft.
a) Wie groß ist das Volumen der Verpackung?
b) Auf der Mantelfläche stehen Informationen. Wie groß ist die Mantelfläche?

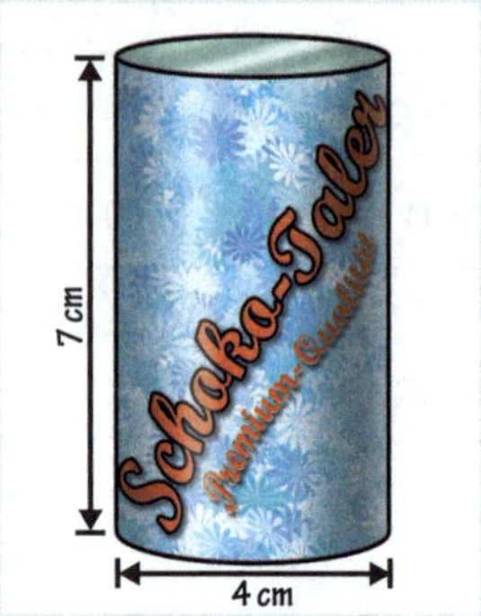

Volumen: ________ Mantelfläche: ________

21 Im Baumarkt kosten 3 Kleberollen insgesamt 15 €.
Herr Schulte kauft 9 Kleberollen.

F: ____________________

A: ____________________

22 Berechne zuerst den Einzelpreis.

a) **Batterien**

Anzahl	€
2	1,80
1	
5	

b) **Glühlampen**

Anzahl	€
3	4,20
1	
2	

c) **Knicklichter**

Anzahl	€
4	1,60
1	
7	

23 Vervollständige die Tabelle. Trage das Ergebnis ein.

a) Preis für 5 Stifte: 3,50 €
Preis für 12 Stifte: ________ €

Anzahl	€
5	
1	
12	

b) Preis für 4 Patronen: 1,00 €
Preis für 7 Patronen: ________ €

Anzahl	€

24 In 3 Stunden fährt Paolo mit dem Fahrrad 39 km weit.
F: Wie viel Kilometer legt er pro Stunde zurück?

h	km

A: ____________________

25 Wie viele Fahrten sind für den Transport der Baumaterialien notwendig?

a) Bei 2 Lkw 10 Fahrten

Lkw	Fahrten

b) Bei 3 Lkw 12 Fahrten

Lkw	Fahrten

c) Bei 5 Lkw 9 Fahrten

Lkw	Fahrten

26 Ist die Zuordnung direkt proportional oder indirekt proportional?
Trage ein, dann ergänze die fehlenden Werte in der Tabelle.

a) **Arbeitszeit**

Personen	h
5	10
1	
2	

b) **Preis**

Bohrer	€
2	9,00
1	
3	

c) **Fahrtdauer**

km	h
300	6
100	
400	

27 Der Inhalt eines Eimers mit Senf wird in 60 Portionen zu je 50 g abgefüllt.
Wie viele Portionen zu je 40 g könnte man abfüllen?

A: ______________________

28 In 5 Stunden verdient Frau Blauert 85 €.
Wie viel Euro verdient sie in 9 Stunden?

A: ______________________

29 Sand kann von 6 Lkw mit je 2 Fahrten zu einer Baustelle gebracht werden.
Es stehen jedoch nur 4 Lkw zur Verfügung.

F: ______________________

A: ______________________

Alles paletti

Vermischte Übungen

30 Grundfläche und Körperhöhe der Pyramide sind gegeben. Berechne das Volumen.

a) $A_G = 64\ cm^2$
$h_k = 10,5\ cm$

V = ____________

b) $A_G = 400\ cm^2$
$h_k = 25,5\ cm$

V = ____________

c) $A_G = 38,44\ cm^2$
$h_k = 18\ cm$

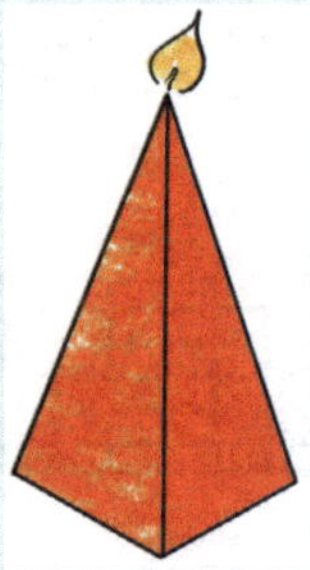

V = ____________

31 Grundfläche und Körperhöhe des Kegels sind gegeben. Berechne das Volumen.

a) $A_G = 14\ cm^2$
$h_K = 6\ cm$

V = ____________

b) $A_G = 530\ cm^2$
$h_K = 46\ cm$

V = ____________

c) $A_G = 7,2\ cm^2$
$h_K = 4,4\ cm$

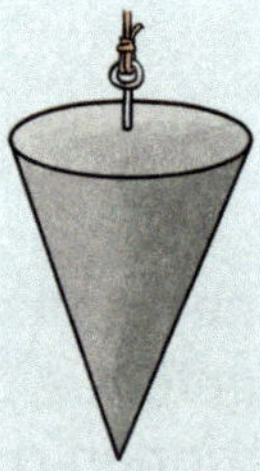

V = ____________